Hans J. Schmidt

Prof. Dr. Brian Teaser

STATIONENLERNEN
„Satz des Pythagoras"

2. überarbeitete Auflage

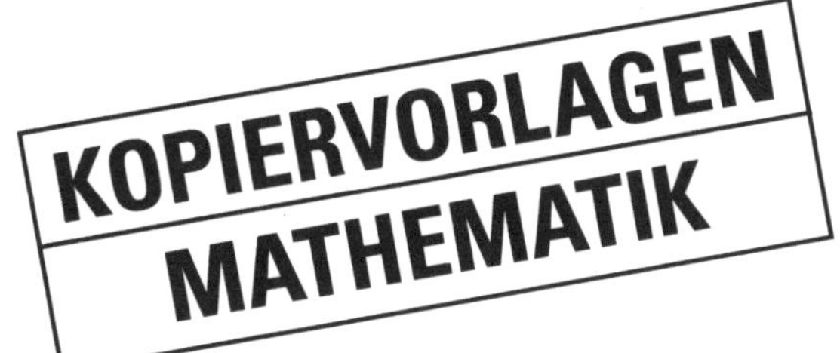

Aulis Verlag Deubner

Bibliografische Information Der Deutschen Bibliothek

Die Deutsche Bibliothek verzeichnet diese Publikation in der Deutschen Nationalbibliografie;
detaillierte bibliografische Daten sind im Internet über <http://dnb.ddb.de> abrufbar.

Die 1. Auflage erschien 1999 im Verlag an der Ruhr, Mülheim/Ruhr

Best.-Nr. 5166
© Alle Rechte bei AULIS VERLAG DEUBNER, Köln, 2004
Printed in Poland
ISBN 3-7614-2540-6

Prof. Dr. Brian Teaser: Inhaltsverzeichnis

Freiarbeit: Karteikarten zum Ausschneiden

Klassenarbeiten: Karten zum Ausschneiden

Der vorliegende Band Lernzirkel: **Satz des Pythagoras** ist in drei Teile gegliedert:

I.

Lernen an Stationen 1 – 2 (Hinführung: Satz des Pythagoras)
Lernen an Stationen 3 – 6 (Zerlegungsbeweise)
Lernen an Stationen 7 (Beweis durch Scherung)
Lernen an Stationen 8 (Höhensatz des Euklid und Formelsammlung)
Lernen an Stationen 9 – 11 (Anwendungen: Satz des Pythagoras)
Lernen an Stationen 12 (Flächenverwandlung Rechteck - Quadrat)
Lernen an Stationen 13 (Wiederholung: Flächenberechnung)

II.
50 Karteikarten für die Freiarbeit

III.
48 Aufgabenkarten zur schnellen Erstellung von Klassenarbeiten

Die Materialien sollen dazu beitragen, dass Schülerinnen und Schüler mit
unterschiedlichen Lernvoraussetzungen und unterschiedlichem Lern- und
Arbeitstempo sich durch die freieren Arbeitsformen wie *Lernen an Stationen*
und *Freiarbeit* individuell mit dem Themengebiet auseinandersetzen können.

Folgende Stationen können zusammen aufgebaut bzw. kombiniert werden:
Station 1 und Station 2
Station 3 – Station 7
Station 8 – Station 13

Je nach Aufgabentyp sollte mit den SchülerInnen festgelegt werden,
auf welche Dezimalstelle gerundet werden soll.

Die bemaßten Zeichnungen sind z. T. nicht maßstäblich angelegt.
Sie dienen nur der Veranschaulichung.

An diesem Kachelofen hat der Kaminbauer aus Reststücken Kacheln gesetzt.

Im Maßstab 1 : 3 sehen die Kacheln so aus:

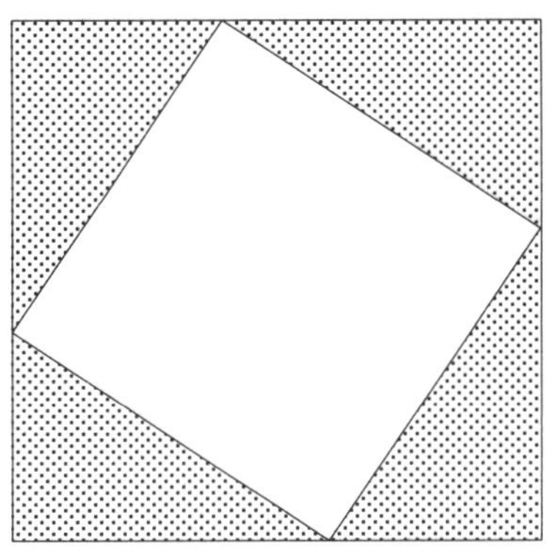

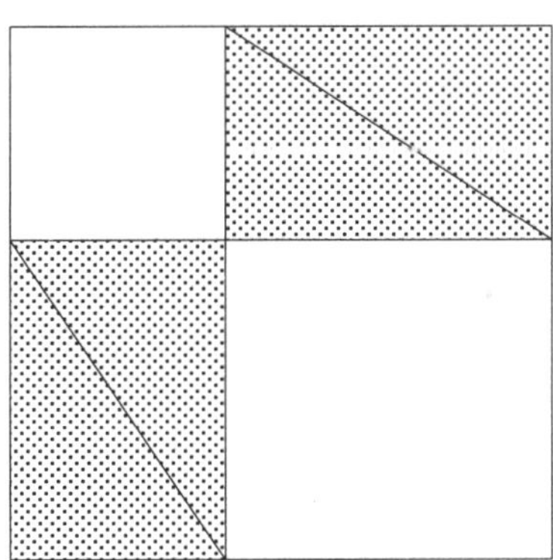
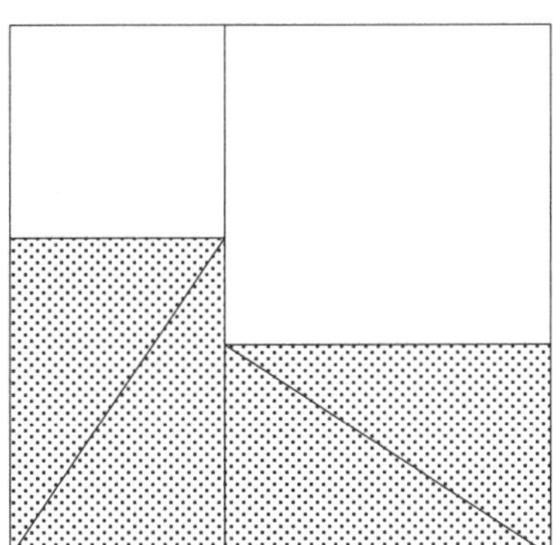

Du schaffst es sicherlich, ein paar Fragen zu beantworten:

1. Aus welchen verschiedenen Teilen setzen sich die Kacheln zusammen?

2. Du erkennst überall kleine rechtwinklige Dreiecke. Miss einmal, wie lang die einzelnen Seiten der Dreiecke sind. Wie lang sind sie in Wirklichkeit?

3. Vergleiche den Flächeninhalt des großen Quadrates

   mit den Flächeninhalten der beiden kleineren Quadrate.

   Erkennst du einen Zusammenhang?

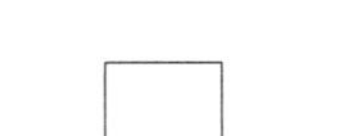

4. Bezeichne die Seiten des Dreiecks mit a, b und c.
   Nenne die längste Seite c.
   Da du die Länge der Seiten ausgemessen hast,
   weißt du auch, wie groß die Flächeninhalte der
   einzelnen Quadrate sind.
   Fällt dir etwas auf?

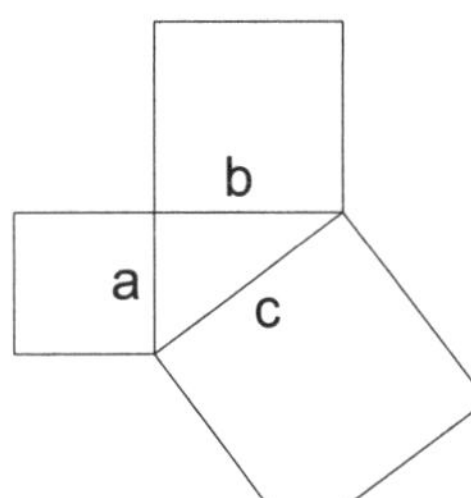

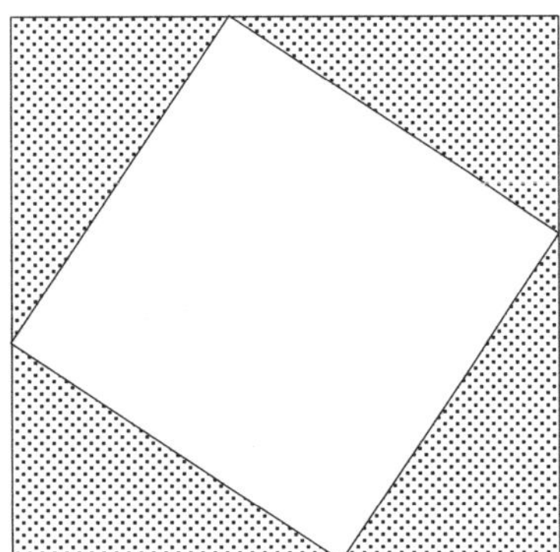 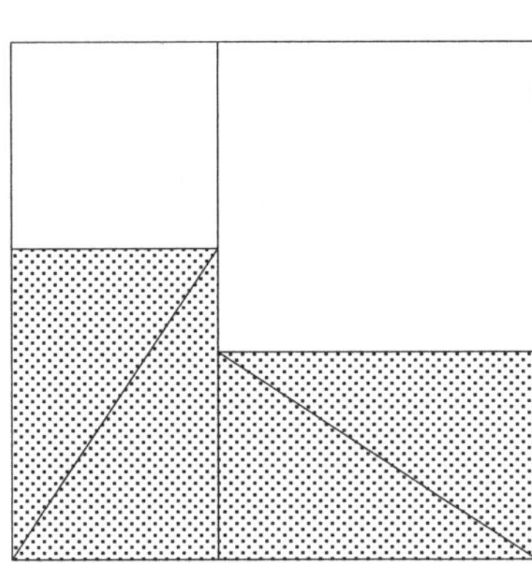 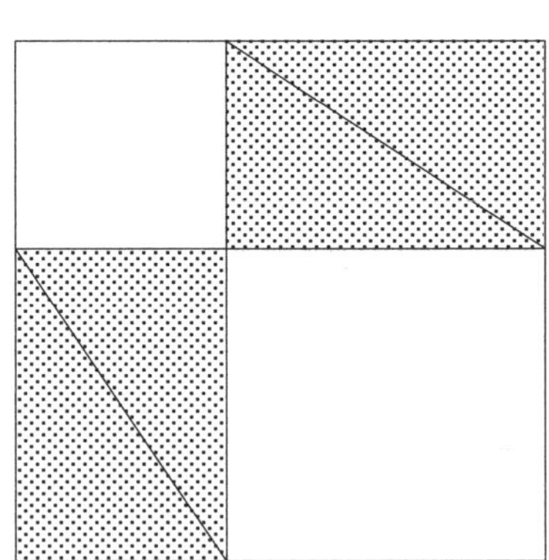

1. Die Kacheln setzen sich aus Quadraten und Dreiecken zusammen:

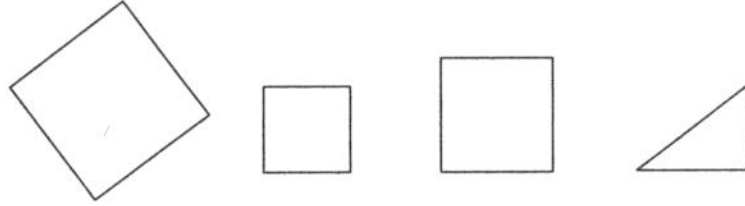

2. Wenn du 2 cm, 3 cm und 3,6 cm gemessen hast, verdienst du ein dickes Lob. In Wirklichkeit betragen die Maße 6 cm, 9 cm und 10,8 cm.

3. Das große Quadrat hat den gleichen Flächeninhalt wie die beiden kleineren Quadrate zusammen. Das erkennst du ganz schnell an den Abbildungen:

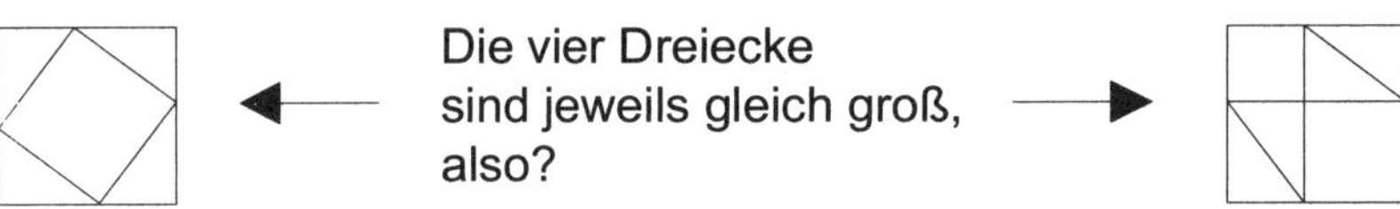

4. Es gilt $6^2 + 9^2 \approx 10{,}8^2$.

   Es lässt sich vermuten, dass im rechtwinkligen Dreieck gilt:

   $$a^2 + b^2 = c^2$$

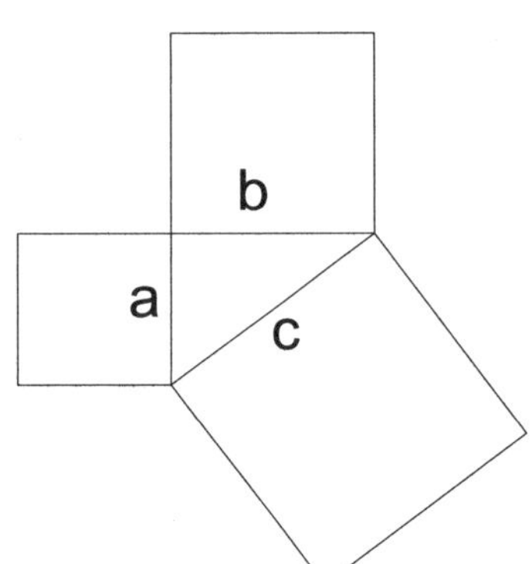

Pass auf, du gelehriger Schüler, was ich dir zu sagen habe:
Im rechtwinkligen Dreieck ist die Summe der Kathetenquadrate gleich dem Hypotenusenquadrat: $a^2 + b^2 = c^2$.

Wer ich bin und was das soll, fragst du? Nun gut, dann will ich mich zunächst einmal vorstellen. Ich heiße **Pythagoras**, Pythagoras von Samos. Gelebt habe ich von etwa 580 - 496 vor Christus. Man kann mich getrost als einen vielseitig Gelehrten bezeichnen.

In Unteritalien (Kroton) habe ich eine Schule gegründet, die Schule der Pythagoreer.
Meine »Jünger«, die von den Leuten der Antike als »Hippies« angesehen wurden, lebten nach strengen Vorschriften.
Wir glaubten an die Unsterblichkeit der Seele, an Seelenwanderung und daran, dass Gott die Welt nach Zahlen und Zahlverhältnissen geordnet hat.

Nun aber zu der Aussage »Im rechtwinkligen Dreieck haben die Quadrate über den Katheten zusammen den gleichen Flächeninhalt wie das Quadrat über der Hypotenuse«.
Was zum Donner sind Katheten und was ist eine Hypotenuse? Langsam! Langsam!
Zunächst sollst du dir ein Dreieck mit einem rechten Winkel erstellen.
Wie? Ganz einfach.
Nimm dir ein DIN A 4 - Blatt. Mache in dieses Blatt vier verschiedene »Eselsohren«,
d. h. knicke ein nicht zu kleines Stück des Blattes an jeder der vier Ecken um und falte es ordentlich, damit du die Knickkanten erkennen kannst.
Meistens sind diese »Eselsohrdreiecke« gleichschenklig.
Achte bitte darauf, dass du *keine* gleichschenkligen Dreiecke erhältst.

Das »Eselsohr« ist ein rechtwinkliges Dreieck.
Dem rechten Winkel gegenüber liegt die längste Seite, ja?
Okay, diese längste Seite in einem rechtwinkligen Dreieck nennt man die **Hypotenuse**.
Die beiden anderen - kürzeren - Seiten nennt man **Katheten**.

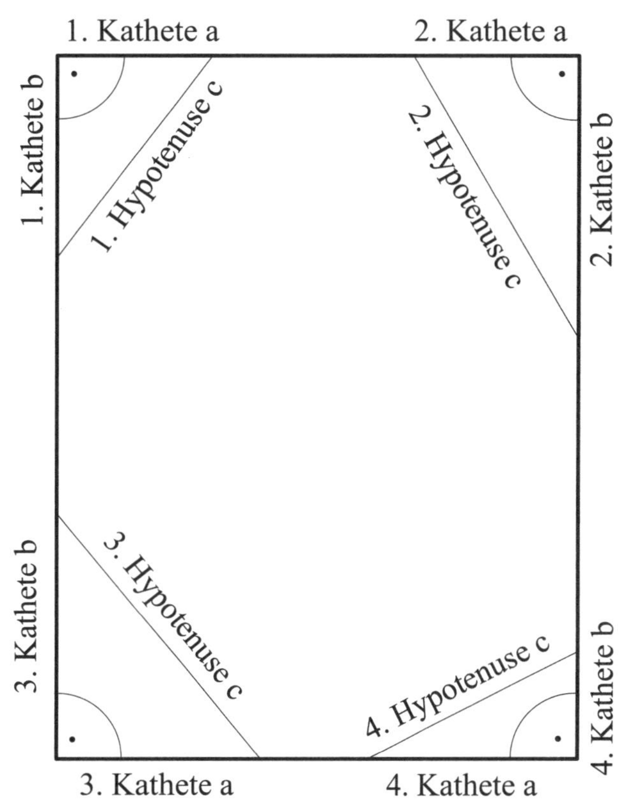

Prof. Dr. Brian Teaser: Lernen an Stationen 2

Nun nimm ein Lineal und miss die Längen der drei Seiten aus.
Miss so sorgfältig und genau du kannst, denn sonst kommst du
zu keinem guten Ergebnis. Trage die ermittelten Längen ein
und ergänze die weiteren Tabellen:

	Länge in cm	Berechne c^2	Berechne a^2 bzw. b^2	Berechne $a^2 + b^2$	Übertrage c^2
1. Hypotenuse c					
1. Kathete a					
1. Kathete b					
2. Hypotenuse c					
2. Kathete a					
2. Kathete b					
3. Hypotenuse c					
3. Kathete a					
3. Kathete b					
4. Hypotenuse c					
4. Kathete a					
4. Kathete b					

Na, ist dir etwas aufgefallen?
Wenn a und b die Maßzahlen der Katheten
sind und c die Maßzahl der Hypotenuse,
so gilt **$a^2 + b^2 = c^2$**.

Diesen Sachverhalt kannst du
auch geometrisch deuten:

Die beiden Quadrate über
den Katheten haben zusammen
den gleichen Flächeninhalt wie
das Quadrat über der Hypotenuse.

So ähnlich müsste deine Tabelle aussehen.

	Länge in cm	Berechne c^2	Berechne a^2 bzw. b^2	Berechne $a^2 + b^2$	Übertrage c^2
1. Hypotenuse c	14,6	213,16			
1. Kathete a	8,4		70,56	214,56	213,16
1. Kathete b	12		144		
2. Hypotenuse c	10	100			
2. Kathete a	6		36	100	100
2. Kathete b	8		64		
3. Hypotenuse c	12,5	156,25			
3. Kathete a	7,3		53,29	157,33	156,25
3. Kathete b	10,2		104,04		
4. Hypotenuse c	15,4	237,16			
4. Kathete a	4,6		21,16	237,25	237,16
4. Kathete b	14,7		216,09		

Die Werte stimmen nur in etwa überein. Klar, so genau kann man nicht messen. Schon eine kleine Abweichung von 0,5 mm macht sich bemerkbar.

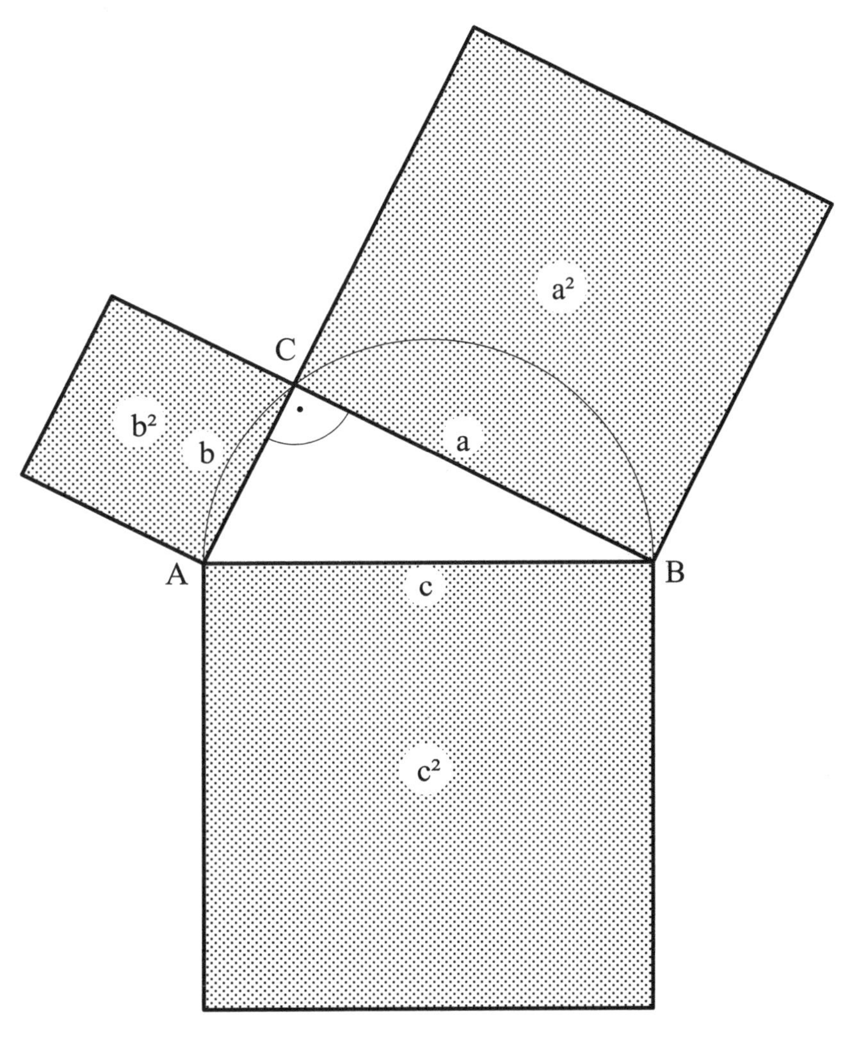

Bei den so genannten *Zerlegungsbeweisen* zerschneidet man das Quadrat über c in Einzelteile und versucht damit, die beiden kleineren Quadrate über den Katheten vollständig zu bedecken.

Oder man zerschneidet die beiden Quadrate über a und b in Einzelteile und versucht damit, das größere Quadrat vollständig zu bedecken.

Diese Aufgabe schaffst du ganz sicher.

Zerschneide das große Quadrat in die fünf Einzelteile und versuche, sie so auf die beiden kleineren Quadrate zu legen, dass diese vollständig bedeckt sind. Du hast dann gezeigt, dass im rechtwinkligen Dreieck die Summe der Kathetenquadrate gleich dem Hypotenusenquadrat ist. Mit anderen Worten:

$$a^2 + b^2 = c^2.$$

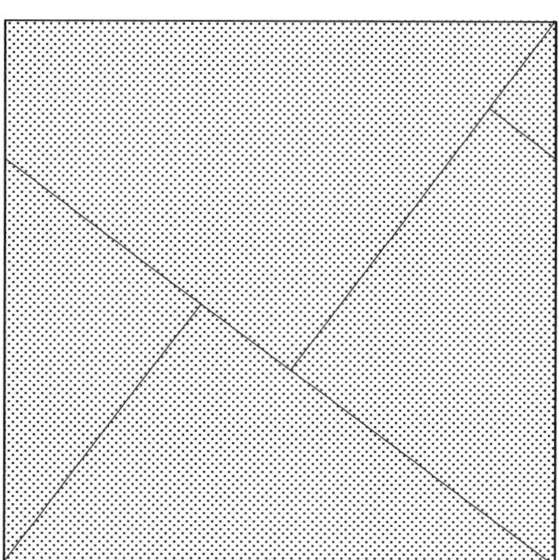

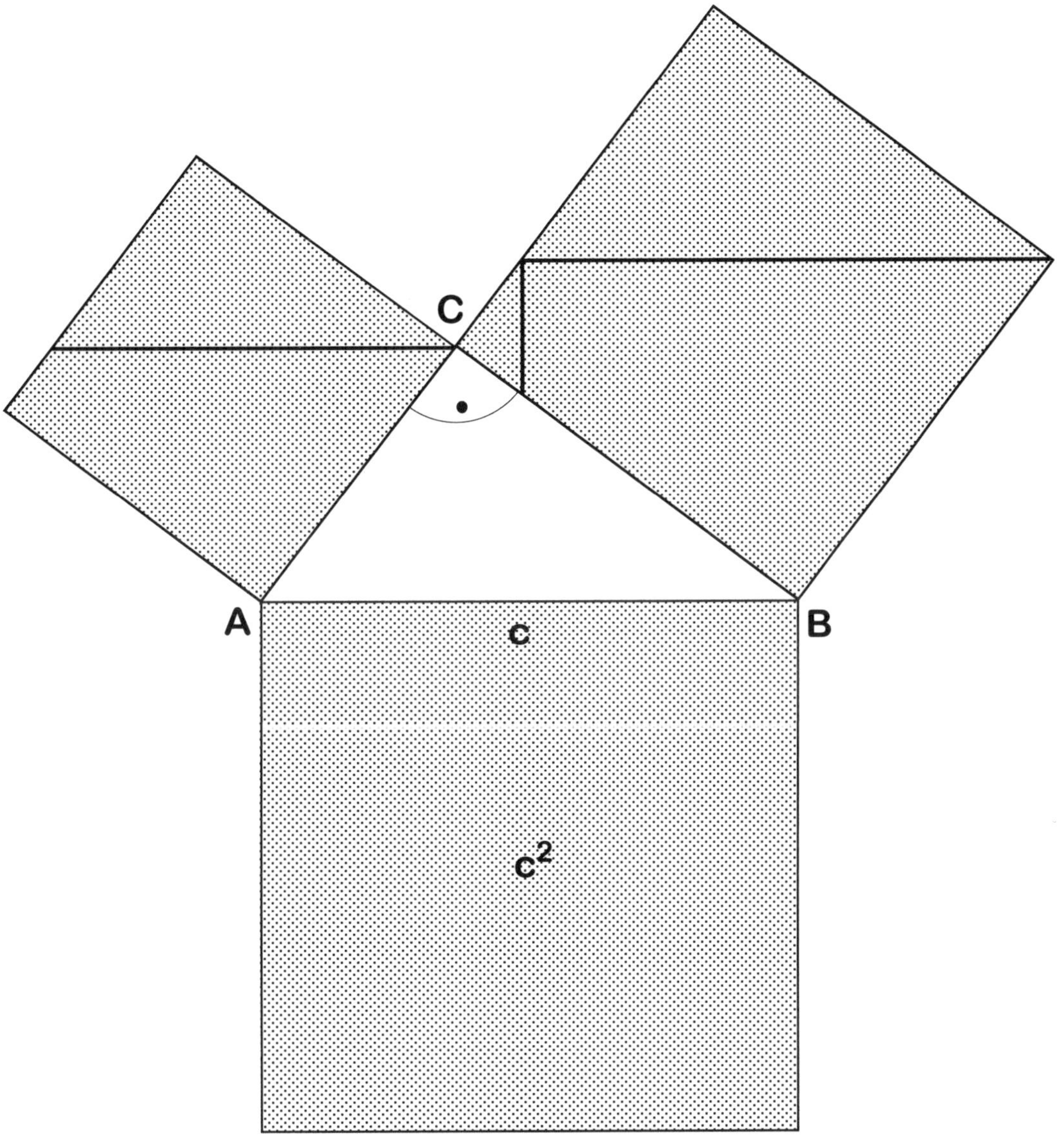

C
A
B
c
c^2

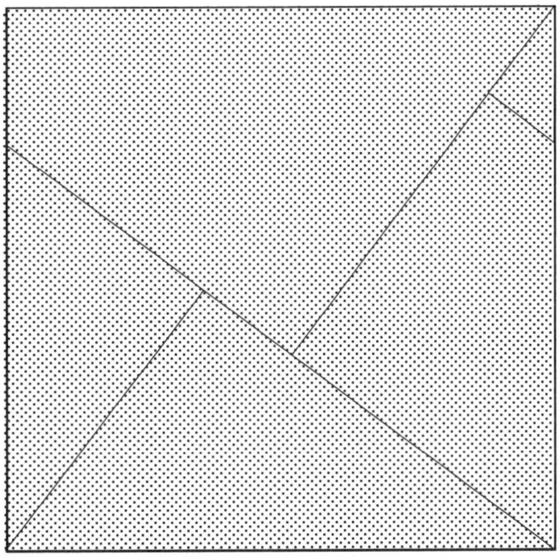

Bei den so genannten *Zerlegungsbeweisen* zerschneidet man das Quadrat über c
in Einzelteile und versucht damit, die beiden kleineren Quadrate über den Katheten
vollständig zu bedecken.
Oder man zerschneidet die beiden Quadrate über
a und b in Einzelteile und versucht damit,
das größere Quadrat vollständig
zu bedecken.

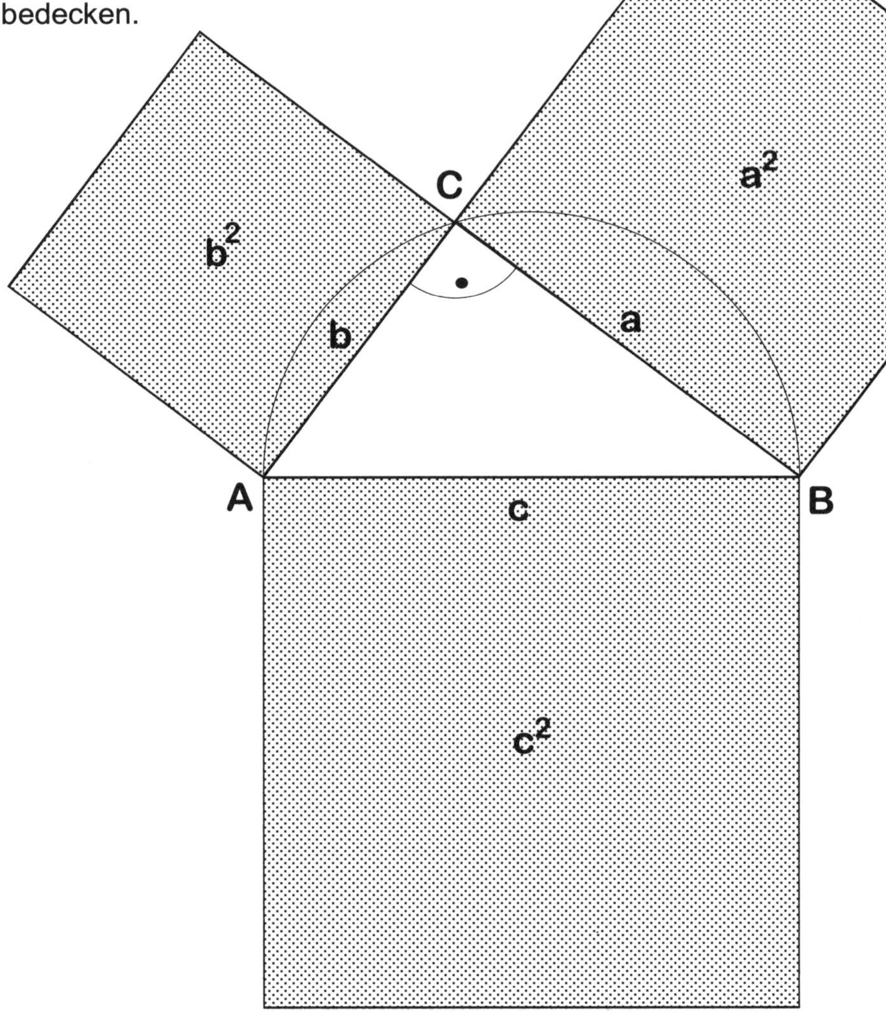

Diese Aufgabe schaffst du
ganz sicher.

Zerschneide das große Quadrat in
die fünf Einzelteile und versuche,
sie so auf die beiden kleineren
Quadrate zu legen, dass diese
vollständig bedeckt sind.
Du hast dann gezeigt, dass im
rechtwinkligen Dreieck die Summe
der Kathetenquadrat gleich
dem Hypotenusenquadrat ist.
Mit anderen Worten:
$$a^2 + b^2 = c^2.$$

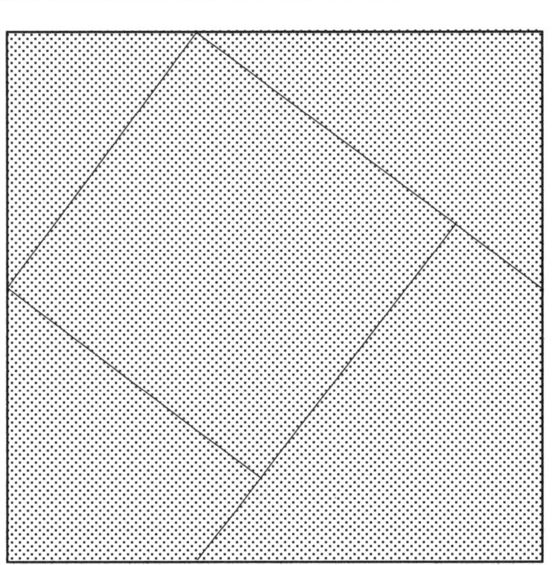

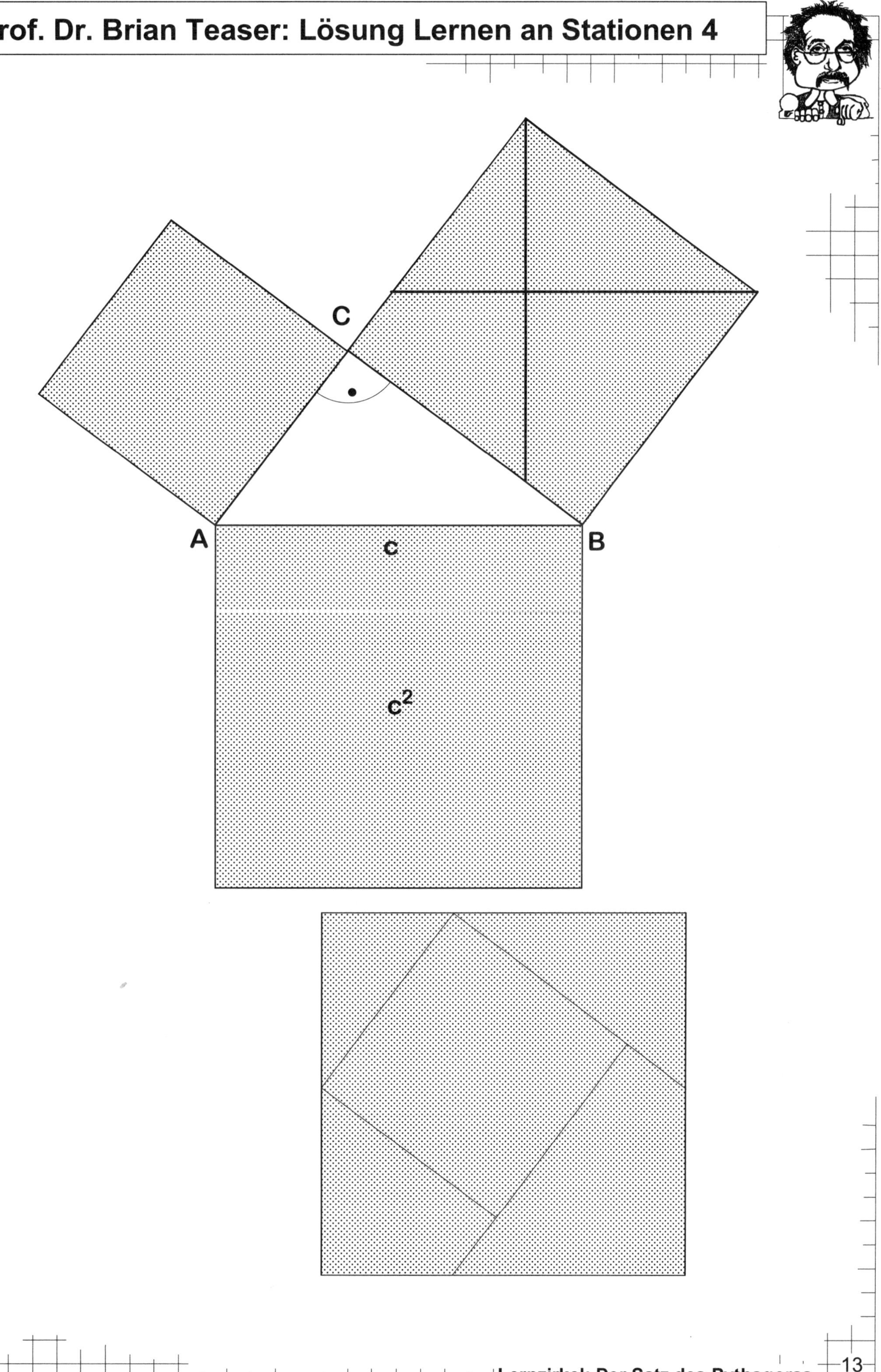

C
A
B
c
c^2

Bei den so genannten *Zerlegungsbeweisen* zerschneidet man das Quadrat über c in Einzelteile und versucht damit, die beiden kleineren Quadrate über den Katheten vollständig zu bedecken.

Oder man zerschneidet die beiden Quadrate über a und b in Einzelteile und versucht damit, das größere Quadrat vollständig zu bedecken.

Diese Aufgabe schaffst du ganz sicher.

Zerschneide das große Quadrat in die sieben Einzelteile und versuche, sie so auf die beiden kleineren Quadrate zu legen, dass diese vollständig bedeckt sind. Du kannst auch Einzelteile umdrehen.

Du hast dann gezeigt, dass im rechtwinkligen Dreieck die Summe der Kathetenquadrate gleich dem Hypotenusenquadrat ist. Mit anderen Worten:

$$a^2 + b^2 = c^2.$$

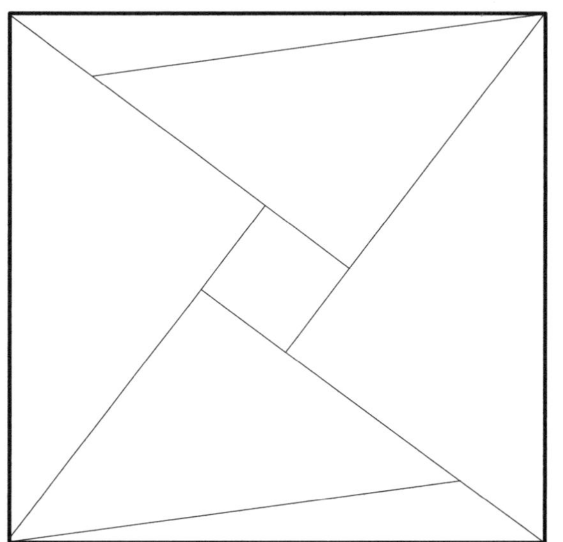

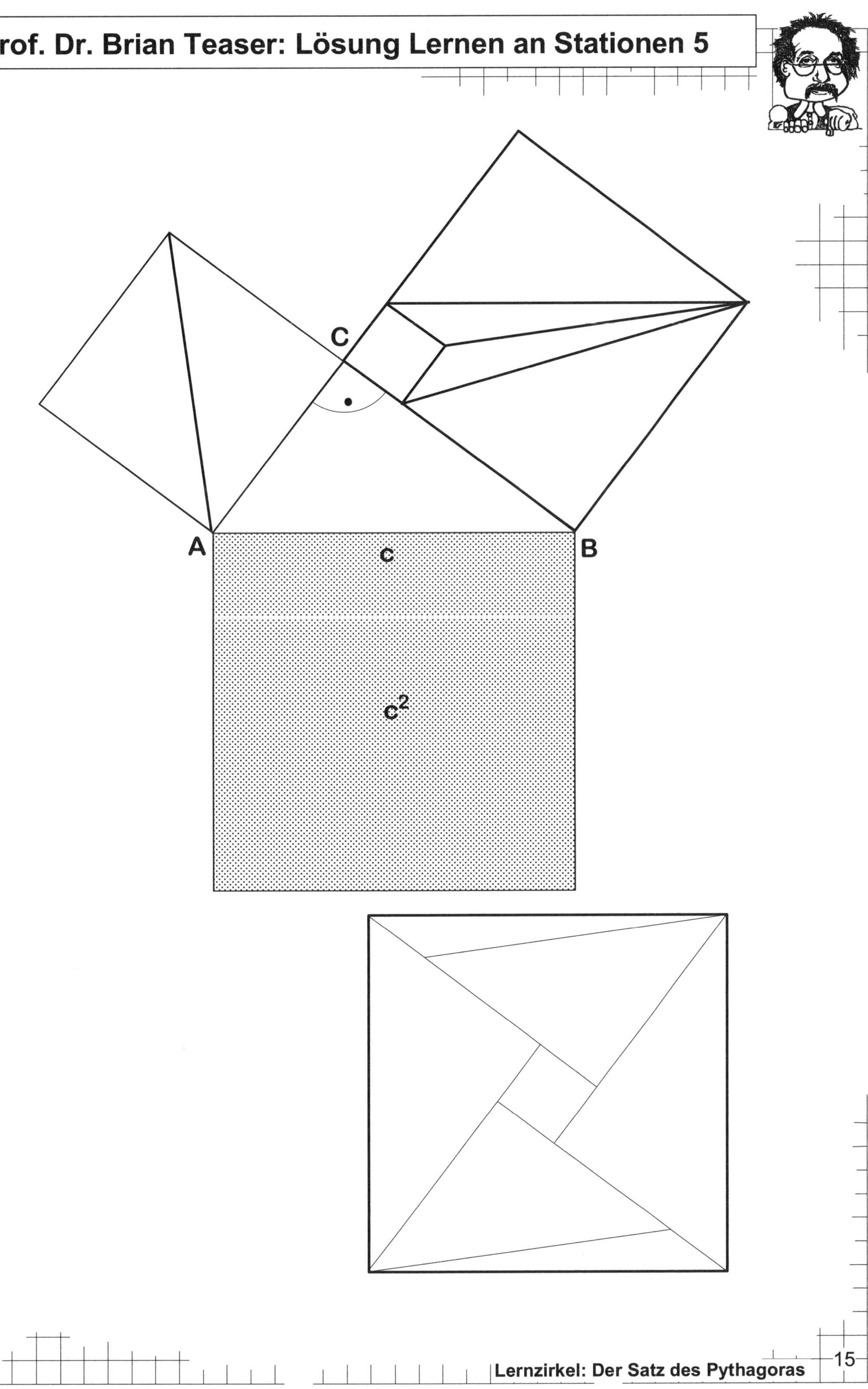

C
A
B
c
c^2

Bei den so genannten *Zerlegungsbeweisen* zerschneidet man das Quadrat über c in Einzelteile und versucht damit, die beiden kleineren Quadrate über den Katheten vollständig zu bedecken.
Oder man zerschneidet die beiden Quadrate über a und b in Einzelteile und versucht damit, das größere Quadrat vollständig zu bedecken.

Diese Aufgabe schaffst du ganz sicher.

Zerschneide die beiden kleinen Quadrate in die sieben Einzelteile und versuche, sie so auf das große Quadrat zu legen, dass dieses vollständig bedeckt ist. Du hast dann gezeigt, dass im rechtwinkligen Dreieck die Summe der Kathetenquadrate gleich dem Hypotenusenquadrat ist. Mit anderen Worten: $a^2 + b^2 = c^2$. Kannst du zusätzlich noch weitere interessante Sachverhalte heraus finden?

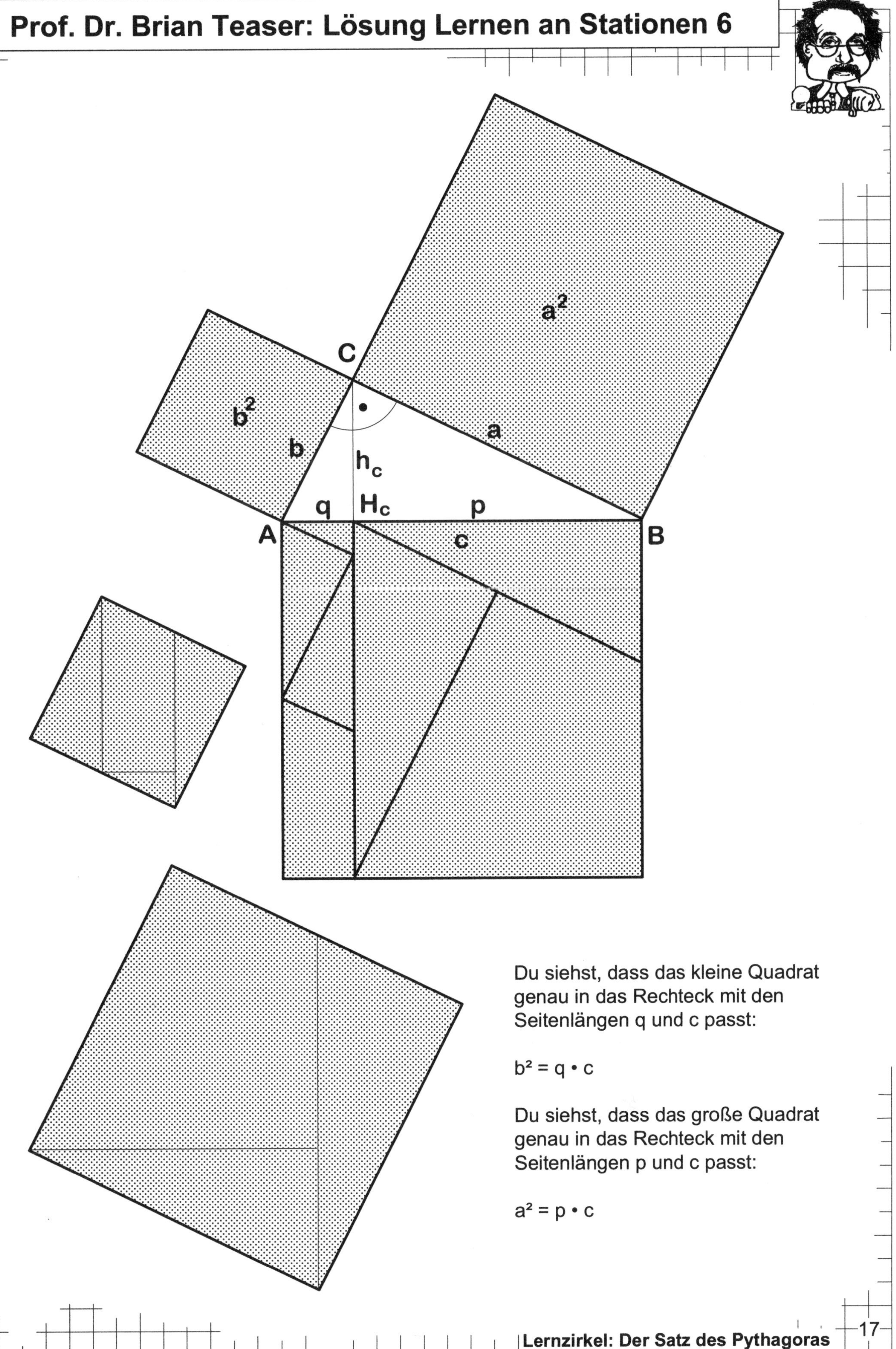

Du siehst, dass das kleine Quadrat genau in das Rechteck mit den Seitenlängen q und c passt:

$$b^2 = q \cdot c$$

Du siehst, dass das große Quadrat genau in das Rechteck mit den Seitenlängen p und c passt:

$$a^2 = p \cdot c$$

Es gibt verschiedene Möglichkeiten zu zeigen, dass im rechtwinkligen Dreieck gilt:

$$a^2 + b^2 = c^2$$

Eine Möglichkeit besteht darin, eine Fläche in eine andere, gleich große Fläche zu verwandeln. Wie musst du dir das vorstellen?

Nimm z. B. diese drei Flächen:

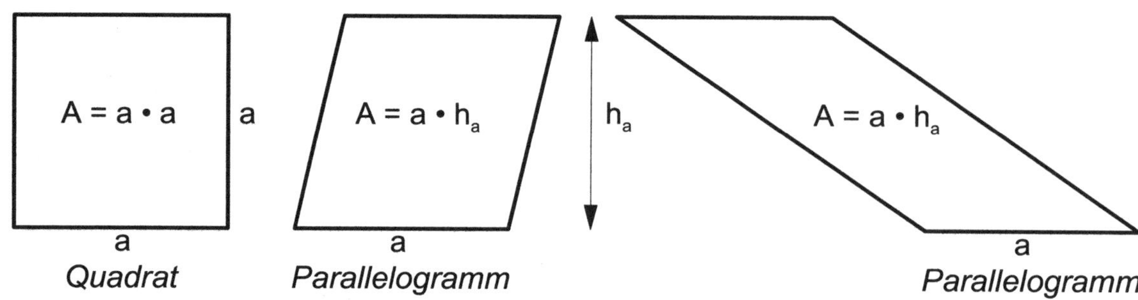

Sie haben den gleichen Flächeninhalt, weil sie alle die gleiche Grundseite a aufweisen und die Höhe h_a der Parallelogramme genauso groß ist wie die Seitenlänge a des Quadrates.

Aber nun zum Beweis! Vielleicht hat sich Pythagoras über der Seite b das Quadrat ACFE konstruiert, das natürlich den Flächeninhalt b^2 hat.
So, jetzt bist du an der Reihe, denn wir wollen den
Beweis gemeinsam durchführen.
Du sollst über der Seite a ein Quadrat errichten.
Keine Bange, die Eckpunkte H und G sind schon markiert.
Welchen Flächeninhalt hat dein Quadrat? Trage ein!

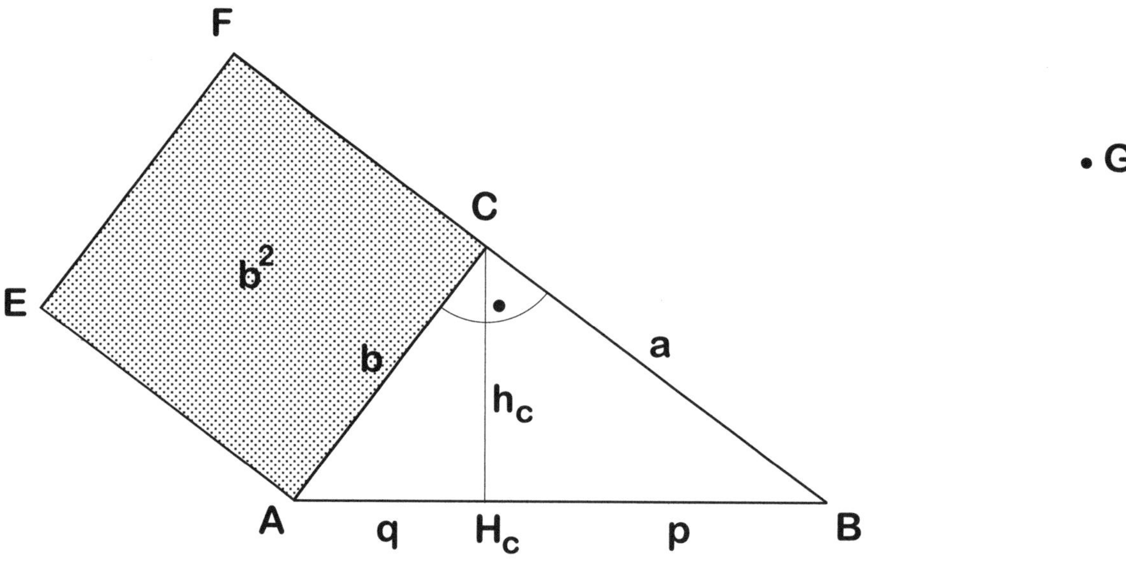

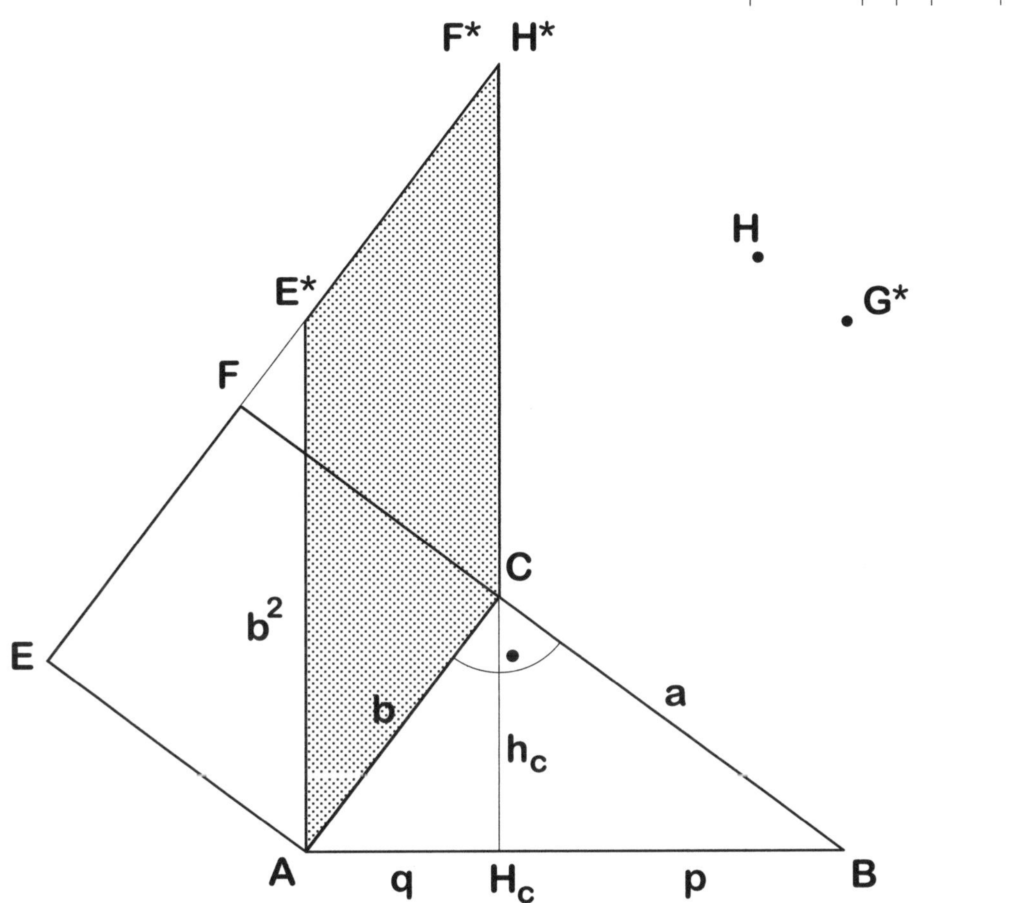

Das Quadrat ACFE ist nun seitlich »verschoben« worden.
Der mathematische Ausdruck heißt **Scherung**.
Man sagt: »Das Quadrat ist geschert worden in ein
flächengleiches Parallelogramm ACF*E*«.

Wenn du nicht glauben kannst, dass beide Gebilde flächengleich sind,
dann mache dir folgendes klar: Der **Flächeninhalt** eines **Parallelogramms**
berechnet sich *Grundseite • zugehörige Höhe*.
Die Grundseite des Parallelogramms ist b und das Parallelogramm ist
genauso hoch wie das Quadrat, denn die Höhe des Parallelogramms
ist $\overline{CF}$. Also kann sich am Flächeninhalt nichts geändert haben.
Wenn du es immer noch nicht glauben willst, dann zerschneide die
nebenstehende Fläche so geschickt, dass sie auf die restliche
Fläche des Quadrats passt.
Aber noch etwas ist zu zeigen. Die Strecke $\overline{AE^*}$ bzw. $\overline{CF^*}$ ist genauso lang
wie $\overline{AB}$, denn die Dreiecke ABC und AE*E sind deckungsgleich, weil sie
1. in den Winkeln AEE* und ACB (da beide rechte Winkel sind)
2. in den beiden Strecken $\overline{EA}$ und $\overline{AC}$ (da ACFE ein Quadrat ist)
3. in den Winkeln E*AE und BAC ($\sphericalangle$ E*AE + $\sphericalangle$ E*AC = 90° = $\sphericalangle$ E*AC + $\sphericalangle$BAC)
übereinstimmen.
Nach dem Kongruenzsatz WSW sind sie deckungsgleich.
Now it´s your turn! Zeichne noch einmal das Quadrat über a
und schere es in ein flächengleiches Parallelogramm BCH*G*.

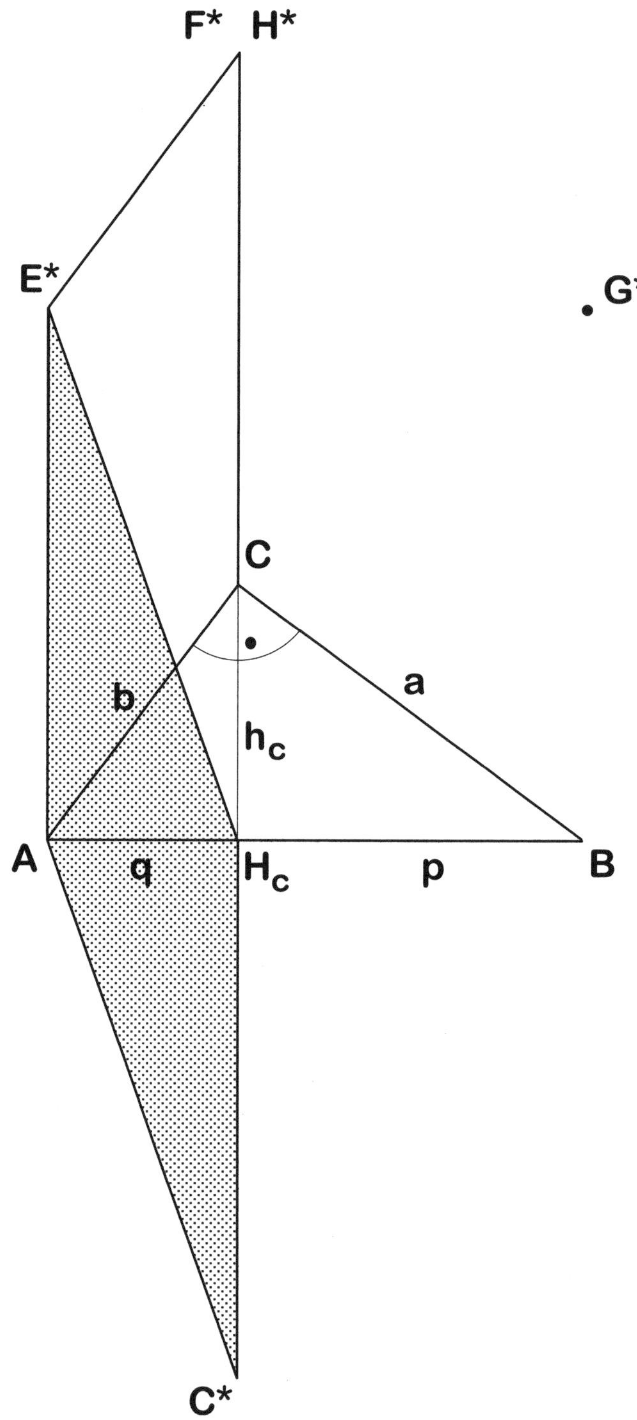

Das Parallelogramm ACF*E* wird jetzt nach unten geschert.
Der Flächeninhalt bleibt wiederum gleich, denn die Grundseite AE*
wird beibehalten und die Höhe - sie entspricht ja q - wurde nicht geändert.

Wenn du Schwierigkeiten hast, dann drehe das Blatt einmal um 90° und
betrachte die beiden Parallelogramme erneut.

Führe bitte dieselbe Konstruktion auf deiner Seite durch.

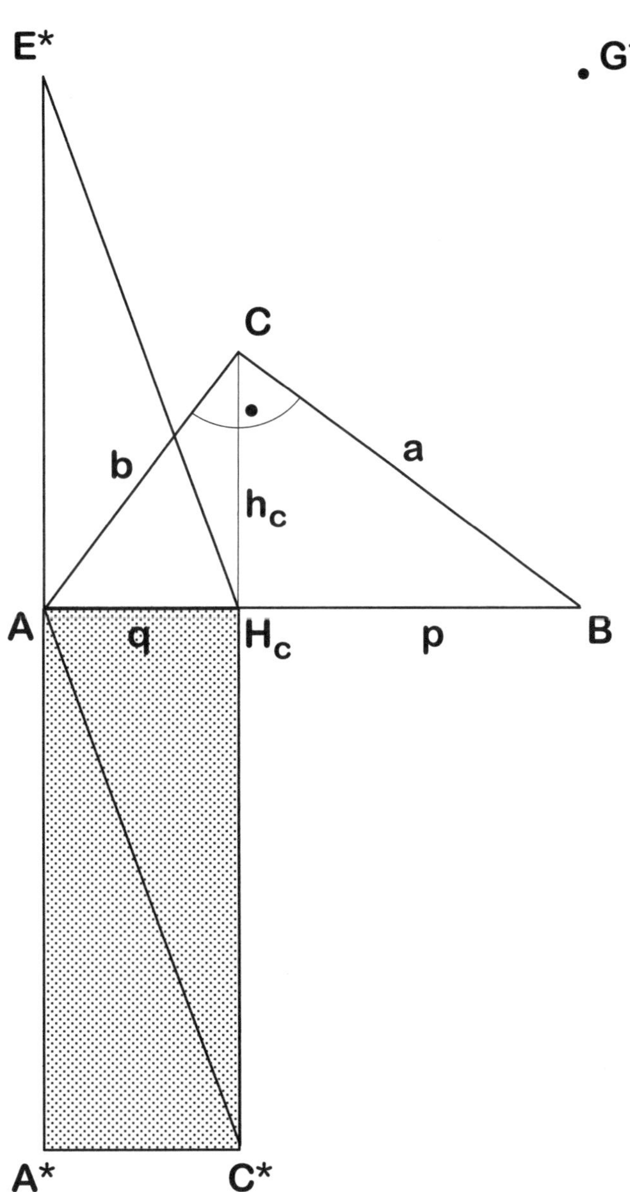

Der Rest ist furchtbar einfach, denn das Parallelogramm AC*H$_c$E*
wird in ein flächengleiches Rechteck »transformiert«.
Führe diesen Transformationsprozess auch auf deiner Seite durch.
Keine Bange, gleich können wir aufhören.

Jetzt dürfte dir eigentlich alles mehr oder weniger klar sein. Das Quadrat über der Seite b ist flächengleich einem Rechteck mit der Breite q und der Länge c. In unserer mathematischen Formelsprache heißt das $b^2 = c \cdot q$.

Es dürfte dir ebenfalls einleuchten, dass auf deiner Seite - nachdem du entsprechend gezeichnet hast - gilt: $a^2 = c \cdot p$.

Fasst du beides zusammen, so erhältst du:

$$a^2 + b^2 = c \cdot p + c \cdot q$$
$$a^2 + b^2 = c \cdot (p + q) \qquad \text{und weil } p + q = c$$

$$a^2 + b^2 = c^2$$

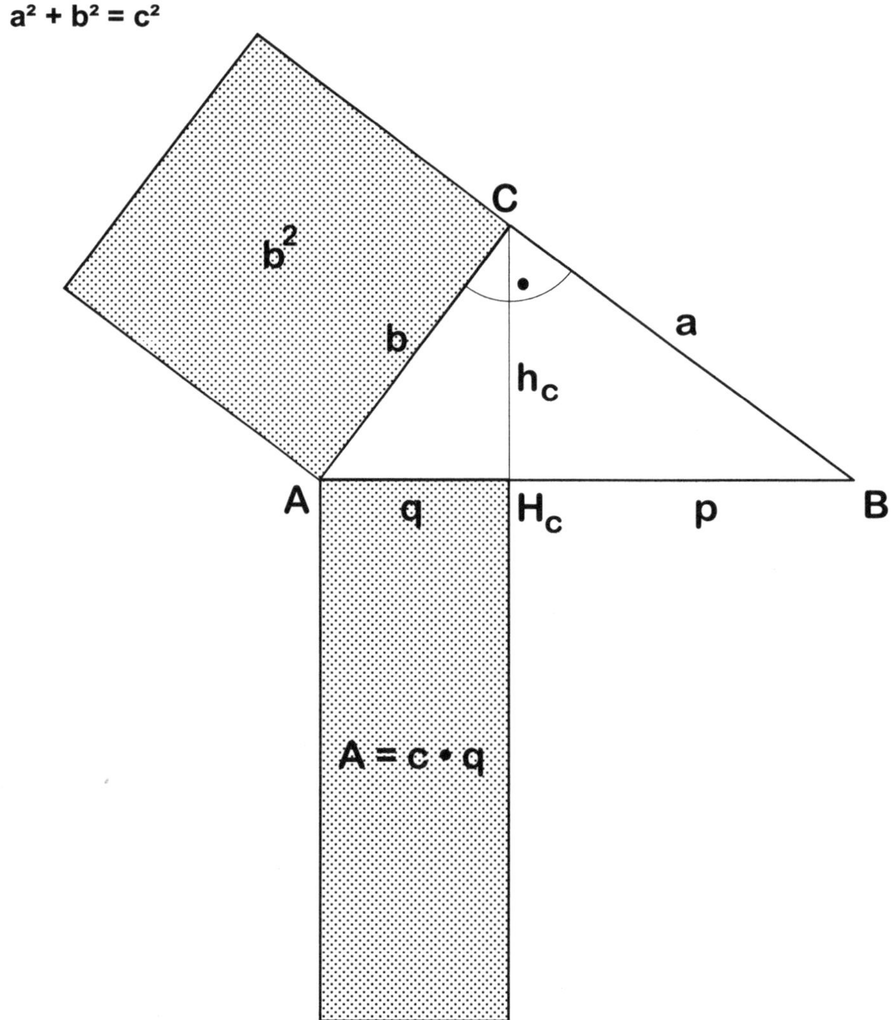

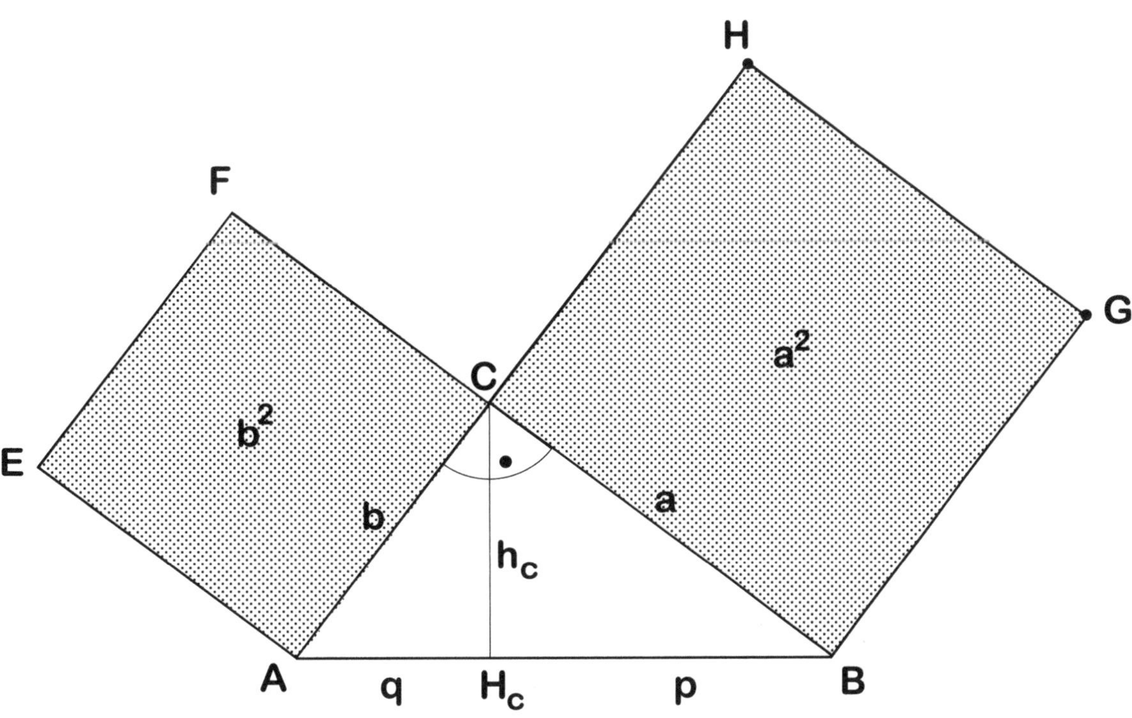

H
F
G
C
E
b^2
a^2
b
a
h_c
A
q
H_c
p
B

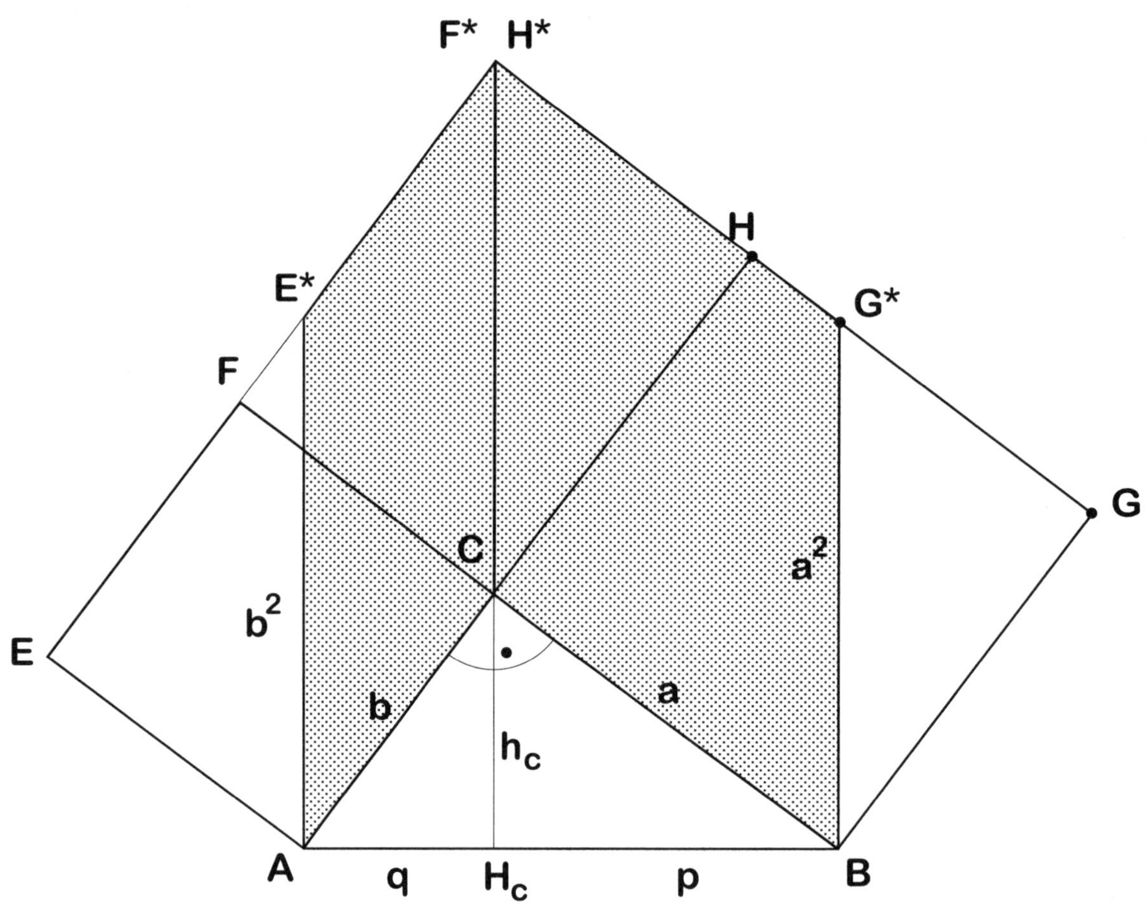

F*
H*
H
E*
G*
F
G
E
C
a^2
b^2
b
a
h_c
A
q
H_c
p
B

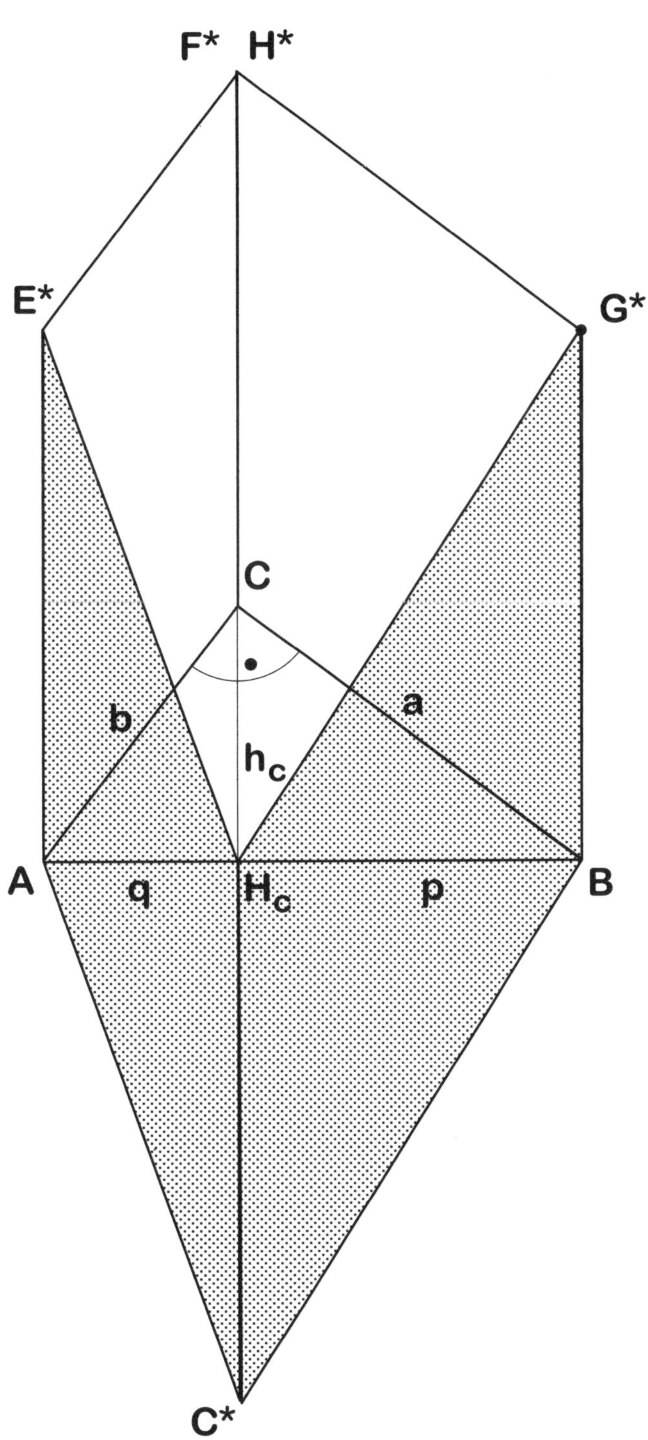

F*
H*
E*
G*
C
b
a
h_c
A
q
H_c
p
B
C*

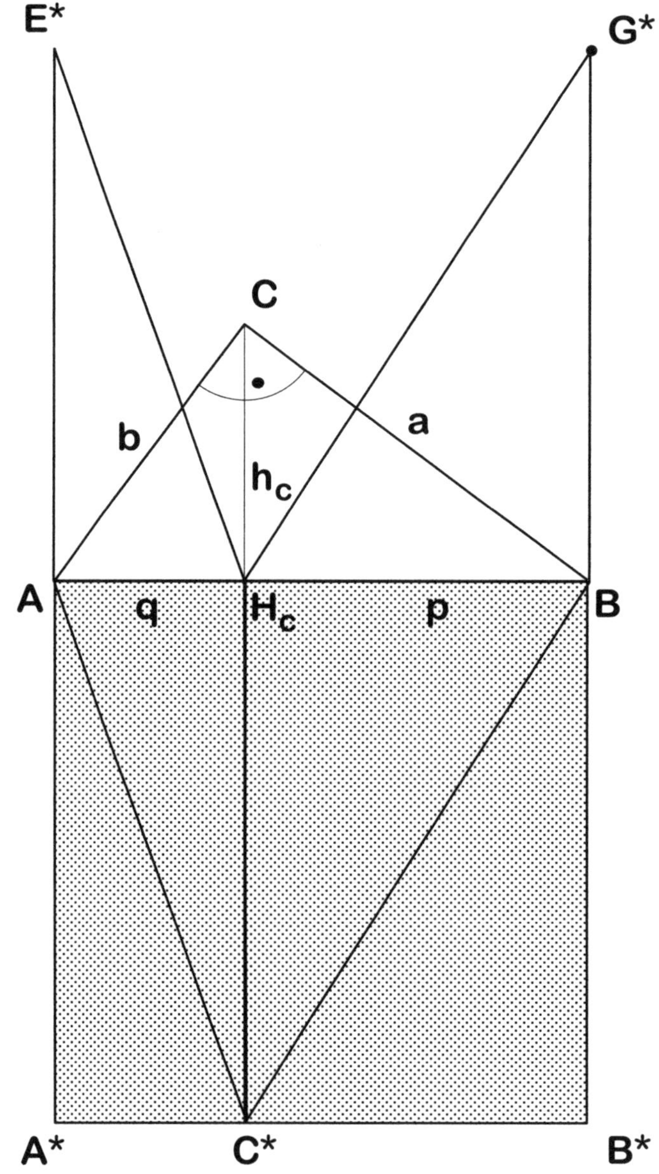

E*
G*
C
b
a
h_c
A
q
H_c
p
B
A*
C*
B*

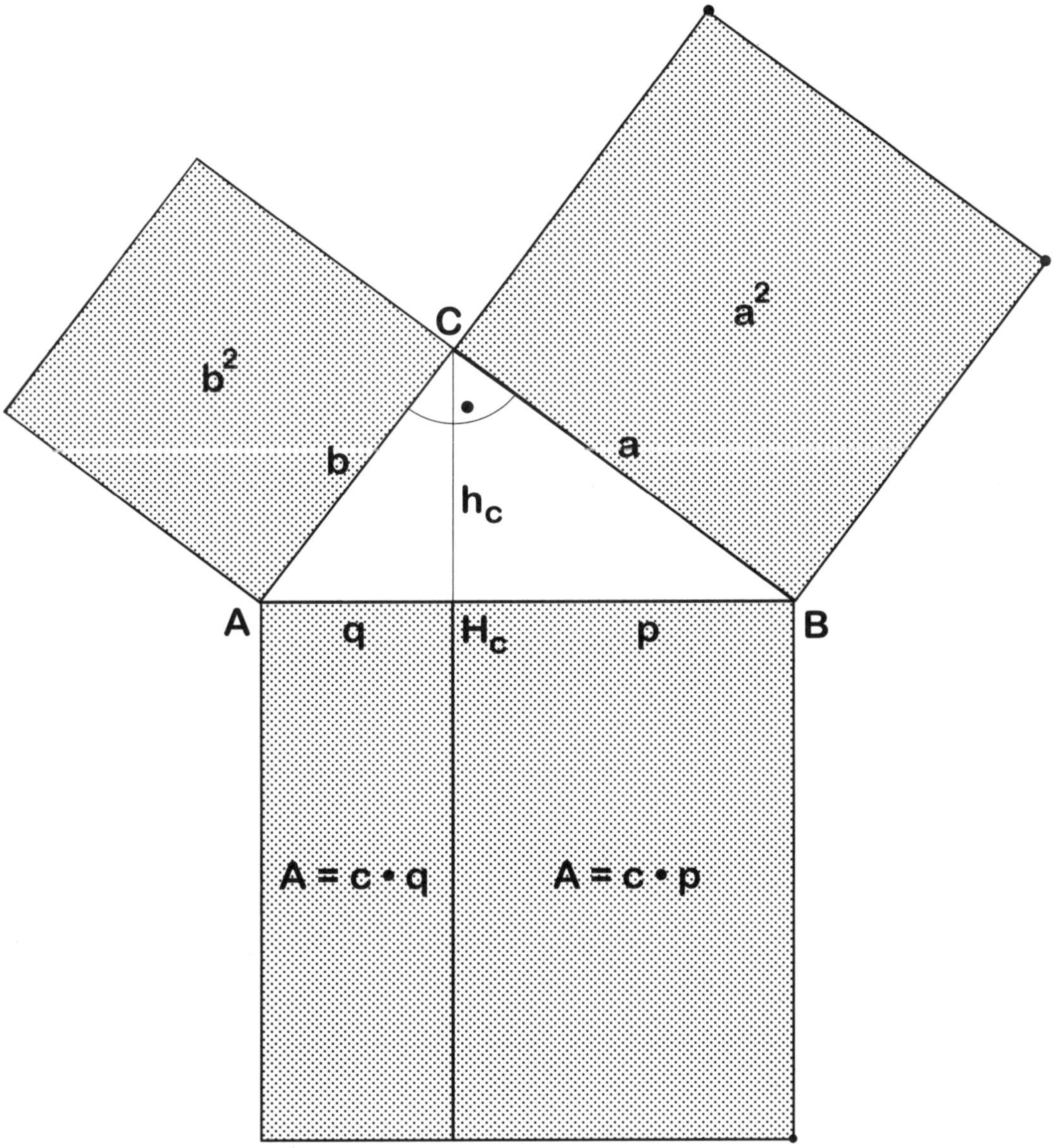

b^2
a^2
C
b
a
h_c
A
q
H_c
p
B
$A = c \cdot q$
$A = c \cdot p$

Euklid, ein griechischer Mathematiker, der nach Pythagoras um 300 vor Christus lebte, arbeitete an der berühmten Akademie in Alexandria. Dort schrieb er auch ein Lehrbuch der Mathematik, die »**Elemente**«, das bis ins 19. Jahrhundert großes Ansehen genoss. Er fand noch mehr Gesetzmäßigkeiten des rechtwinkligen Dreiecks heraus.

Er errichtete über der Höhe h_c ein Quadrat.

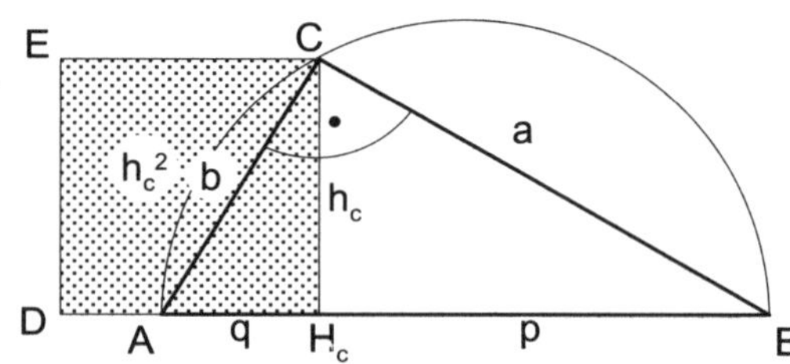

Dieses Quadrat »verschob« er nach oben, bis er auf die Verlängerung der Strecke $\overline{BC}$ traf. Klar, das Parallelogramm hat denselben Flächeninhalt wie das ursprüngliche Quadrat.
Ebenso klar ist, dass die Dreiecke ECE^* und AH_cC wegen des Kongruenzsatzes WSW deckungsgleich sind. Damit steht fest, dass die Strecken $\overline{DD^*}$ und $\overline{EE^*}$ genauso lang sind wie $\overline{AH_c}$.

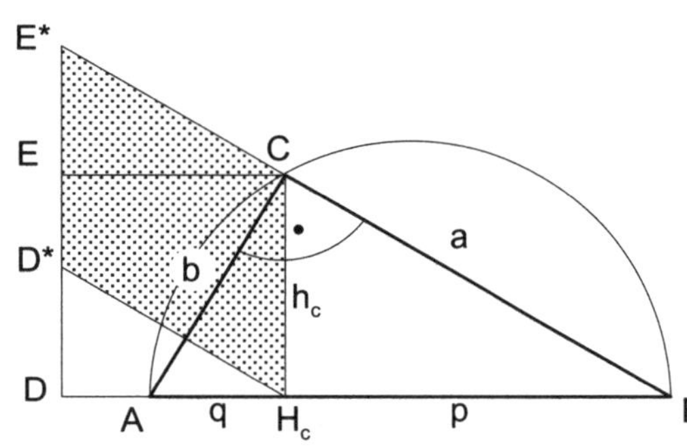

Der Rest ist einfach. Er scherte das Parallelogramm erneut, wobei sich am Flächeninhalt wieder nichts änderte, denn die Grundseite und die zugehörige Höhe blieben gleich.

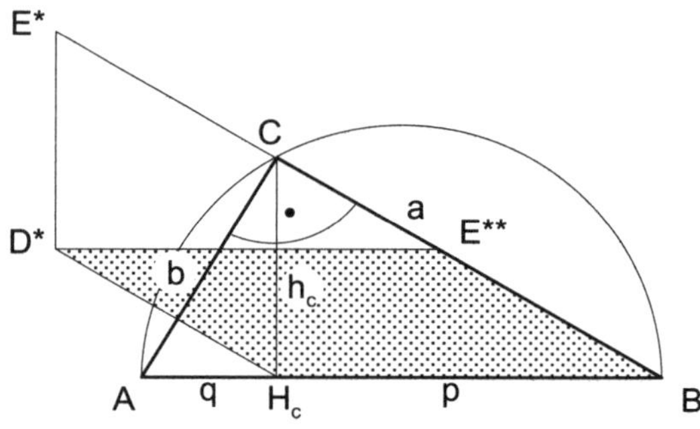

Auch die nächste Scherung änderte nichts am Flächeninhalt. Begründe!

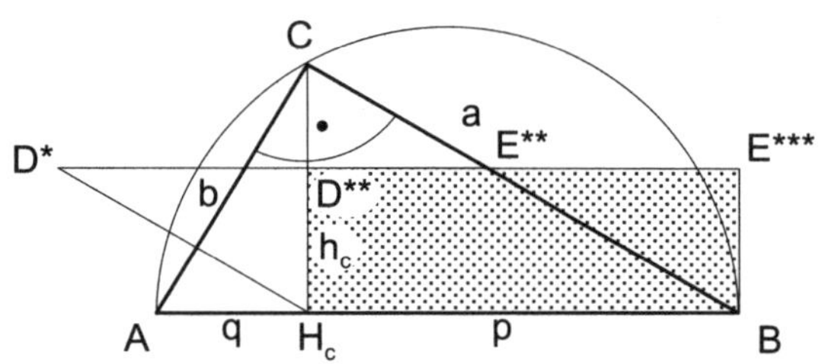

Aus »Schönheitsgründen« wurde das Rechteck $H_cBE^{***}D^{**}$ »umgeklappt«. Für den Flächeninhalt ist das unerheblich.

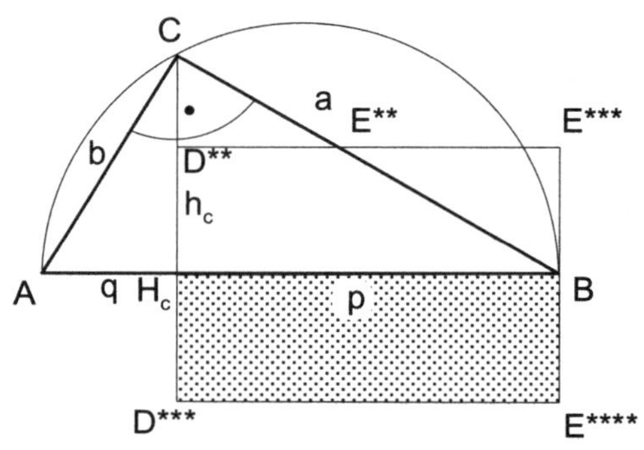

Im Klartext heißt das nun, dass der Flächeninhalt des Quadrates über der Höhe h_c genauso groß ist wie das Rechteck mit der Länge p und der Breite q, also $h_c{}^2 = p \cdot q$.

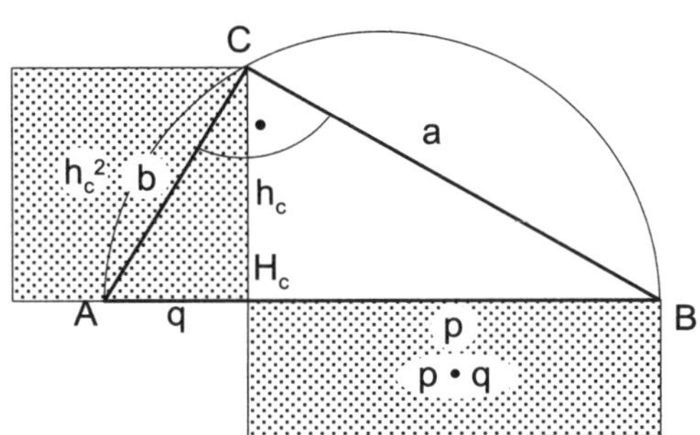

Das ist der sogenannte **Höhensatz des Euklid**, der in den Mathematikbüchern folgendermaßen formuliert wird:

> Im rechtwinkligen Dreieck ist das Quadrat über der Höhe flächengleich dem Rechteck aus den beiden Hypotenusenabschnitten p und q.

Was brachten der Höhensatz des Euklid und der Satz des Pythagoras? Nun, man war jetzt in der glücklichen Lage, aus zwei bekannten Größen eines rechtwinkligen Dreiecks alle anderen berechnen zu können. Aber dazu später mehr.

Zunächst einmal alle Formeln im Überblick. Stelle sie nach allen vorkommenden Größen um.

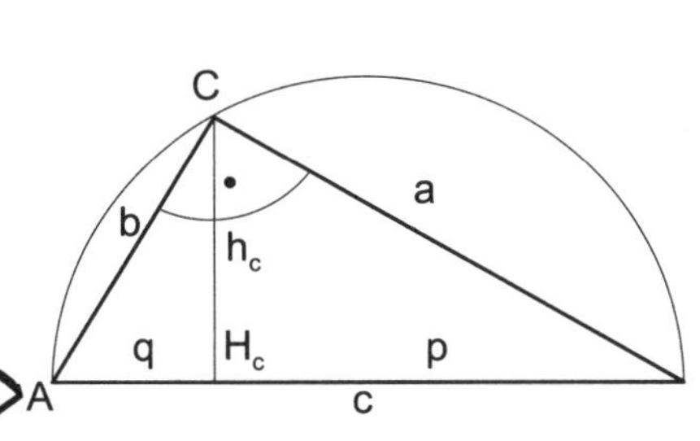

Beispiele:

$$q + p = c \qquad q = c - p \qquad p = c - q$$

$$A = \frac{a \cdot b}{2} \qquad a = \frac{2 \cdot A}{b} \qquad b = \frac{2 \cdot A}{a}$$

$$A = \frac{c \cdot h_c}{2} \qquad c = \frac{2 \cdot A}{h_c} \qquad h_c = \frac{2 \cdot A}{c}$$

$a^2 + b^2 = c^2$	$a =$	$b =$	$c =$
$a^2 = c \cdot p$	$a =$	$c =$	$p =$
$b^2 = c \cdot q$	$b =$	$c =$	$q =$
$h_c{}^2 = p \cdot q$	$h_c =$	$p =$	$q =$

Beispiele:

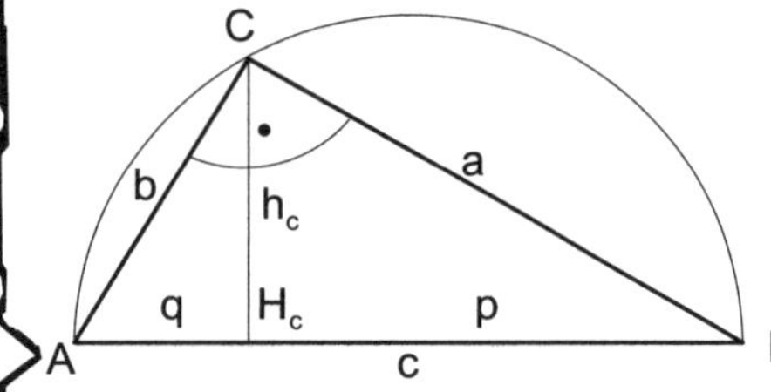

$$q + p = c \qquad q = c - p \qquad p = c - q$$

$$A = \frac{a \cdot b}{2} \qquad a = \frac{2 \cdot A}{b} \qquad b = \frac{2 \cdot A}{a}$$

$$A = \frac{c \cdot h_c}{2} \qquad c = \frac{2 \cdot A}{h_c} \qquad h_c = \frac{2 \cdot A}{c}$$

$$a^2 + b^2 = c^2 \qquad a = \sqrt{c^2 - b^2} \qquad b = \sqrt{c^2 - a^2} \qquad c = \sqrt{a^2 + b^2}$$

$$a^2 = c \cdot p \qquad a = \sqrt{c \cdot p} \qquad c = \frac{a^2}{p} \qquad p = \frac{a^2}{c}$$

$$b^2 = c \cdot q \qquad b = \sqrt{c \cdot q} \qquad c = \frac{b^2}{q} \qquad q = \frac{b^2}{c}$$

$$h_c^2 = p \cdot q \qquad h_c = \sqrt{p \cdot q} \qquad p = \frac{h_c^2}{q} \qquad q = \frac{h_c^2}{p}$$

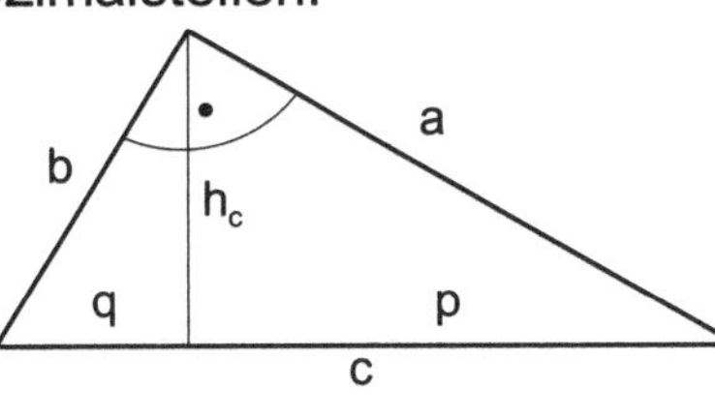

Anhand der Formelsammlung von Station 8 wird es dir nicht schwer fallen, alle fehlenden Stücke der rechtwinkligen Dreiecke zu berechnen. Markiere dir zur besseren Übersicht die gegebenen Stücke. Runde auf zwei Dezimalstellen.

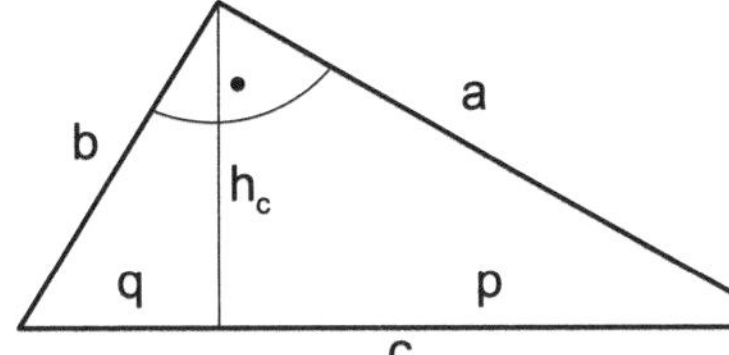

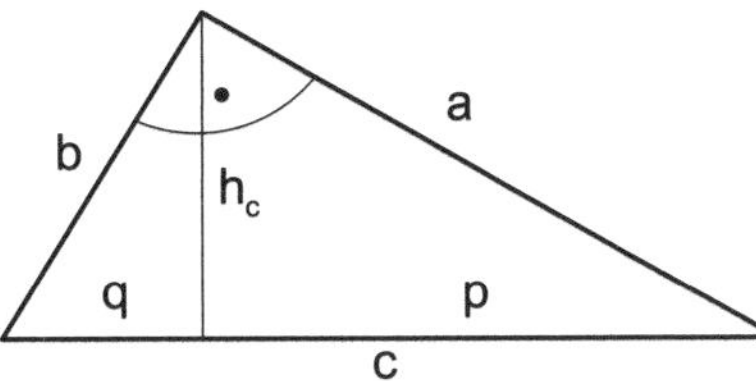

Gegeben:
$a = 7$ cm, $b = 25$ cm
Gesucht:
c
p
q
h_c
A

Gegeben:
$a = 8$ cm, $c = 10,5$ cm
Gesucht:
b
p
q
h_c
A

Gegeben:
$b = 18$ cm, $q = 12$ cm
Gesucht:
a
c
p
h_c
A

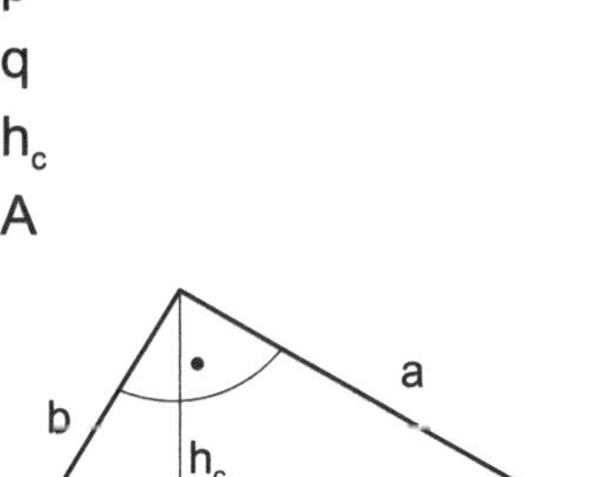

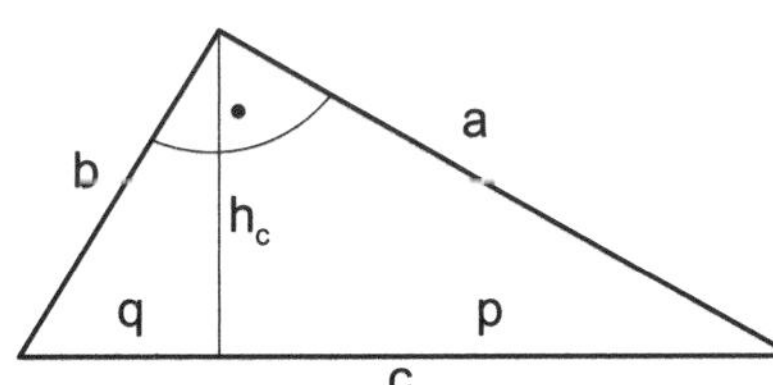

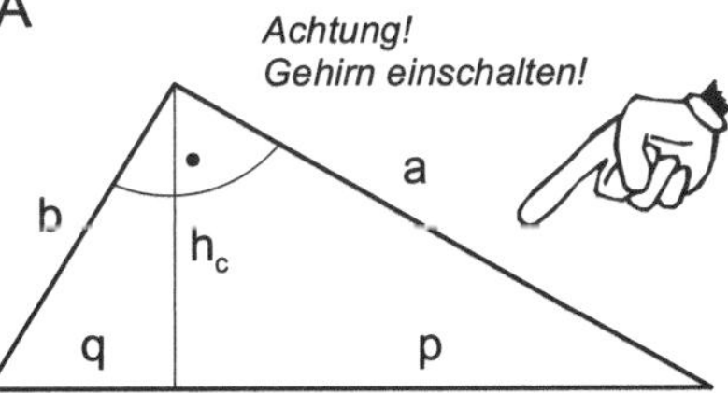

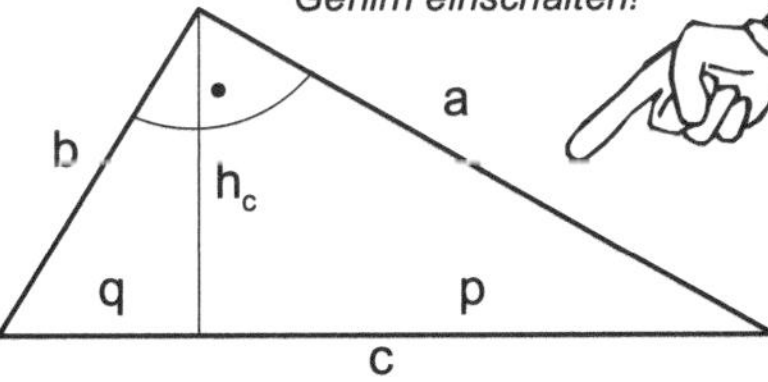

Gegeben:
$p = 9,6$ cm, $q = 5,4$ cm
Gesucht:
a
b
c
h_c
A

Gegeben:
$h_c = 16,8$ cm, $a = 28$ cm
Gesucht:
b
c
p
q
A

Gegeben:
$A = 450$ cm², $b = 36$ cm
Gesucht:
a
c
p
q
h_c

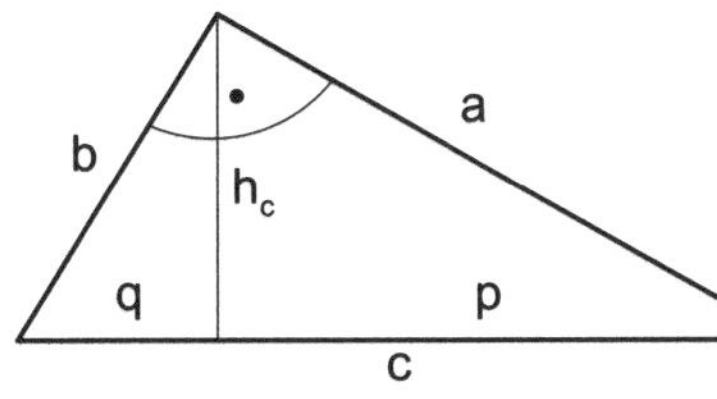

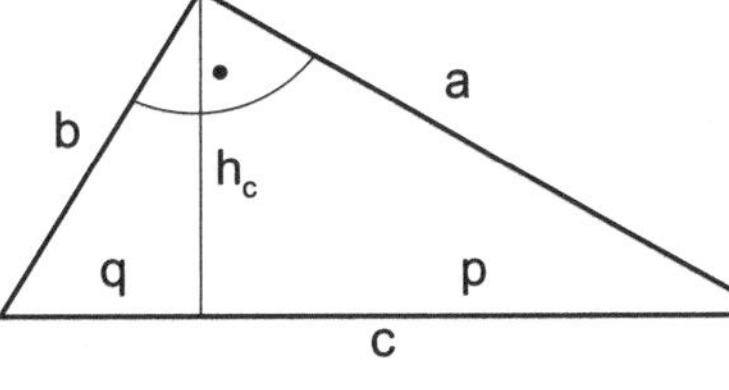

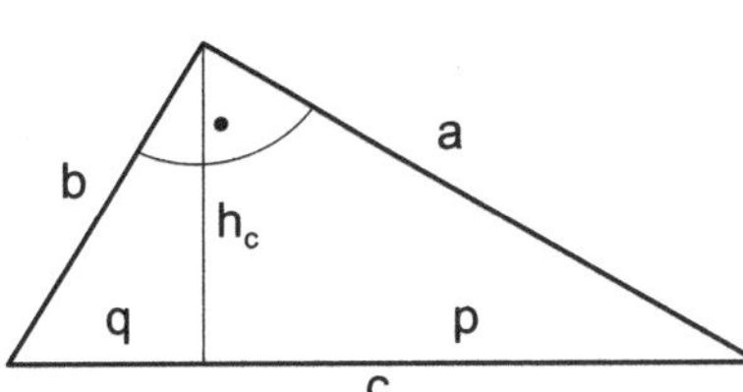

Gegeben:
$a = 7$ cm, $p = 5,6$ cm
Gesucht:
b
c
q
h_c
A

Gegeben:
$b = 6$ cm, $c = 17$ cm
Gesucht:
a
p
q
h_c
A

Gegeben:
$h_c = 5,1$ cm, $q = 3$ cm
Gesucht:
a
b
c
p
A

Je nach Rechnung ergeben sich bei manchen Lösungen Rundungsdifferenzen.

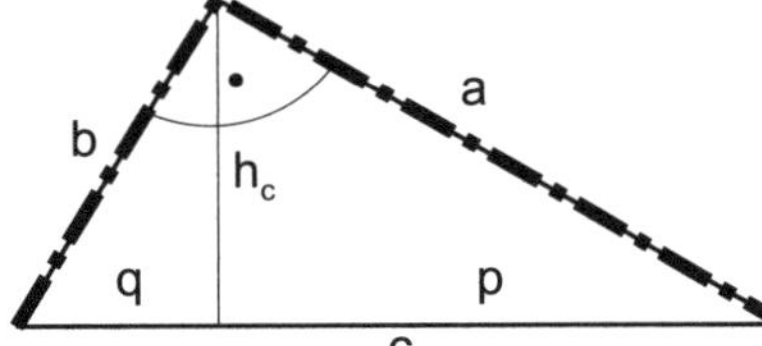
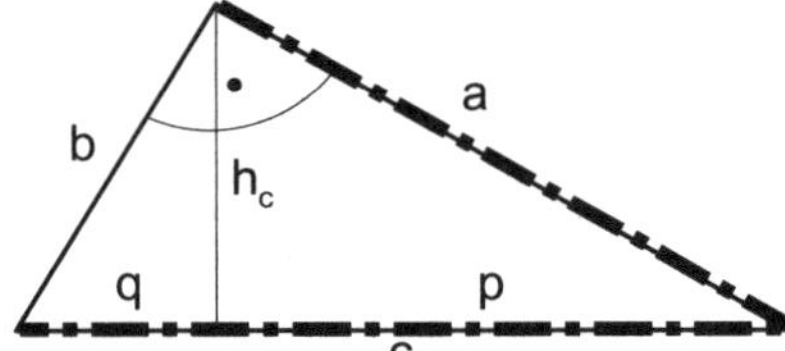
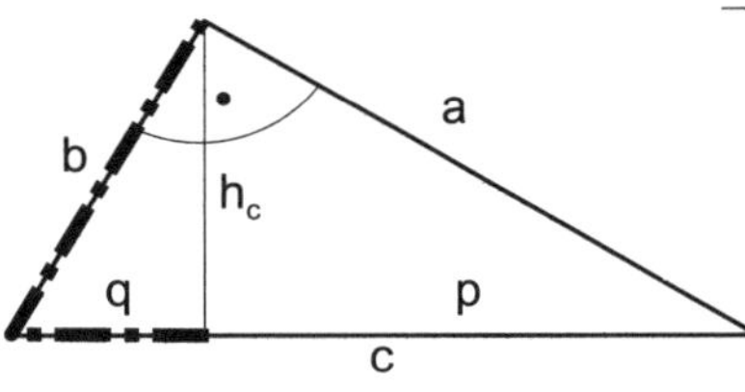

Gegeben:	Gegeben:	Gegeben:
$a = 7$ cm, $b = 25$ cm	$a = 8$ cm, $c = 10,5$ cm	$b = 18$ cm, $q = 12$ cm
Gesucht:	Gesucht:	Gesucht:
$c = 26,0$ cm	$b = 6,8$ cm	$a = 20,1$ cm
$p = 1,89$ cm	$p = 6,1$ cm	$c = 27$ cm
$q = 24,07$ cm	$q = 4,4$ cm	$p = 15$ cm
$h_c = 6,74$ cm	$h_c = 5,18$ cm	$h_c = 13,4$ cm
$A = 87,5$ cm²	$A = 27,2$ cm²	$A = 181$ cm²

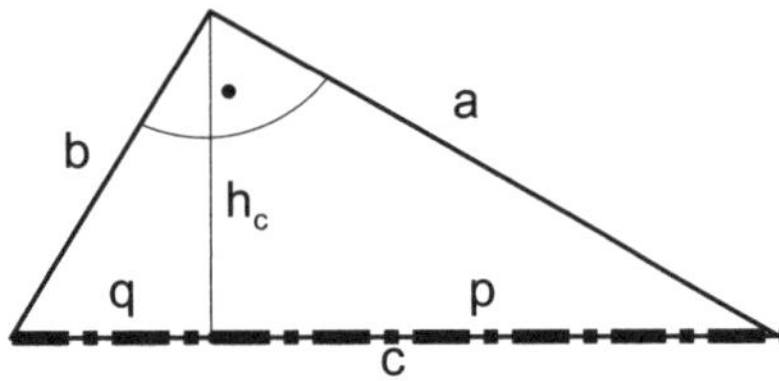
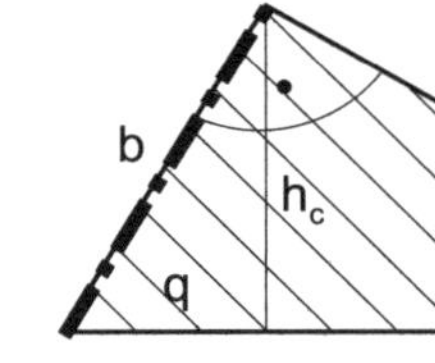

Gegeben:	Gegeben:	Gegeben:
$p = 9,6$ cm, $q = 5,4$ cm	$h_c = 16,8$ cm, $a = 28$ cm	$A = 450$ cm², $b = 36$ cm
Gesucht:	Gesucht:	Gesucht:
$a = 12$ cm	$b = 21$ cm	$a = 25$ cm
$b = 9$ cm	$c = 35$ cm	$c = 43,8$ cm
$c = 15$ cm	$p = 22,4$ cm	$p = 14,3$ cm
$h_c = 7,2$ cm	$q = 12,6$ cm	$q = 29,6$ cm
$A = 54$ cm²	$A = 294$ cm²	$h_c = 20,5$ cm

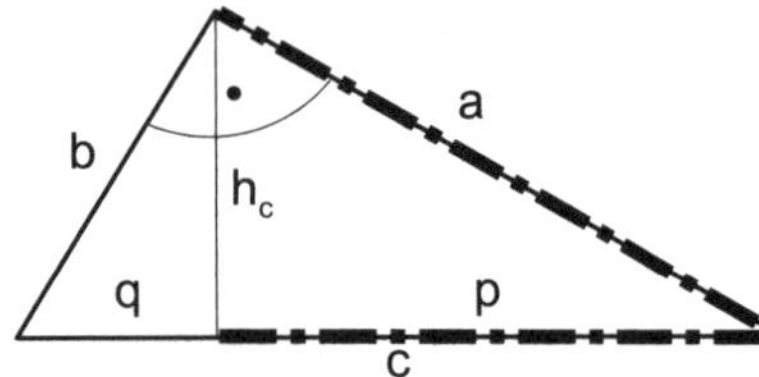
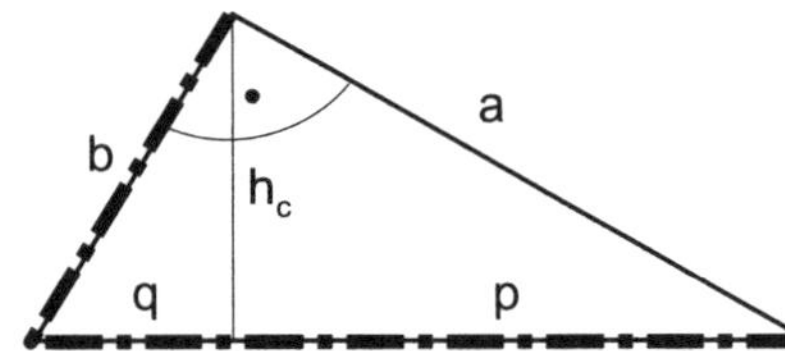
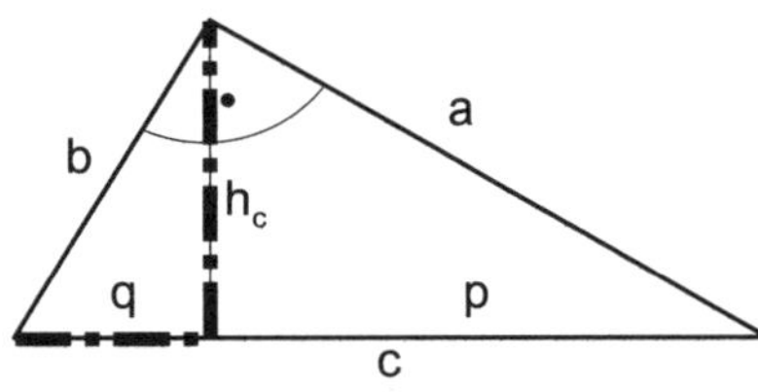

Gegeben:	Gegeben:	Gegeben:
$a = 7$ cm, $p = 5,6$ cm	$b = 6$ cm, $c = 17$ cm	$h_c = 5,1$ cm, $q = 3$ cm
Gesucht:	Gesucht:	Gesucht:
$b = 5,25$ cm	$a = 15,9$ cm	$a = 10,1$ cm
$c = 8,75$ cm	$p = 14,9$ cm	$b = 5,92$ cm
$q = 3,15$ cm	$q = 2,11$ cm	$c = 11,7$ cm
$h_c = 4,2$ cm	$h_c = 5,61$ cm	$p = 8,67$ cm
$A = 18,4$ cm²	$A = 47,7$ cm²	$A = 29,8$ cm²

Nicht immer lassen sich alle fehlenden Stücke der rechtwinkligen Dreiecke berechnen. Wenn du mit der Formelsammlung nicht mehr weiterkommst, dann lasse die Aufgabe aus. Markiere die gegebenen Stücke farbig. Runde auf eine Dezimalstelle.

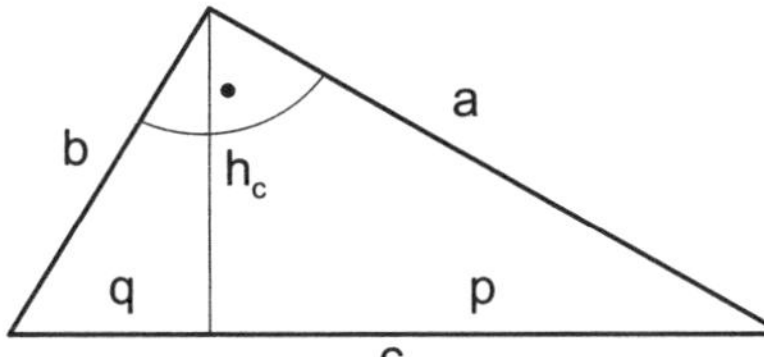

Gegeben:
$a = 7$ cm, $A = 45{,}5$ cm²
Gesucht:
b
c
p
q
h_c

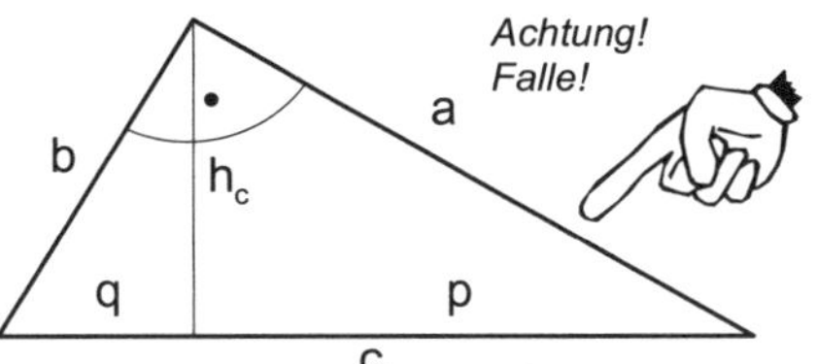

Gegeben:
$b = 9$ cm, $p = 6{,}9$ cm
Gesucht:
a
c
q
h_c
A

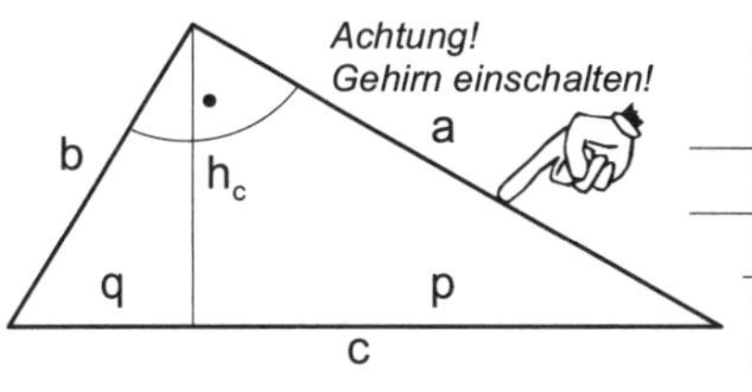

Gegeben:
$b = 13$ cm, $h_c = 11$ cm
Gesucht:
a
c
p
q
A

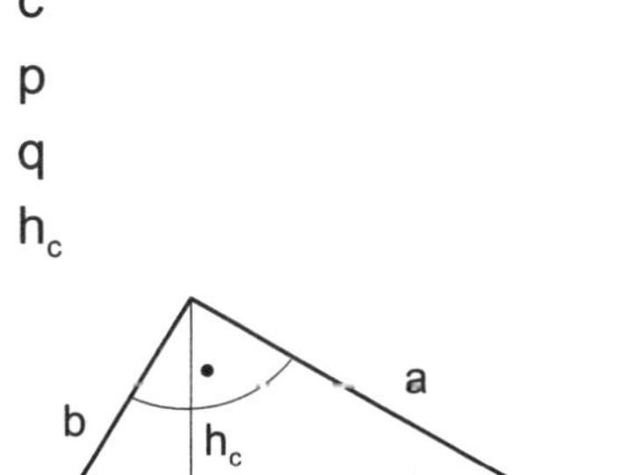

Gegeben:
$c = 11$ cm, $p = 4{,}6$ cm
Gesucht:
a
b
q
h_c
A

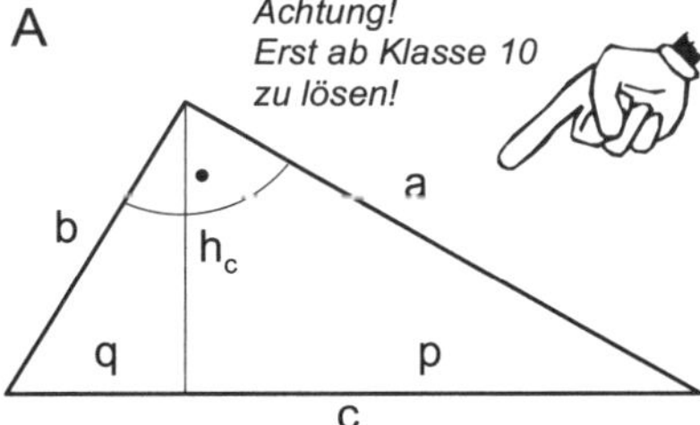

Gegeben:
$h_c = 7$ cm, $c = 17$ cm
Gesucht:
a
b
p
q
A

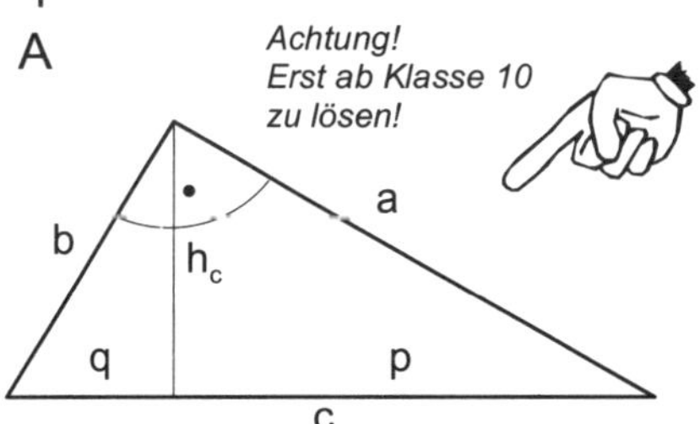

Gegeben:
$A = 36$ cm², $c = 14{,}4$ cm
Gesucht:
a
b
p
q
h_c

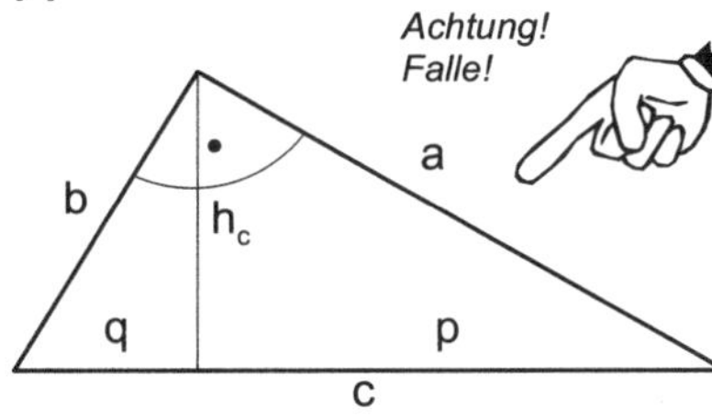

Gegeben:
$a = 7$ cm, $q = 5{,}6$ cm
Gesucht:
b
c
p
h_c
A

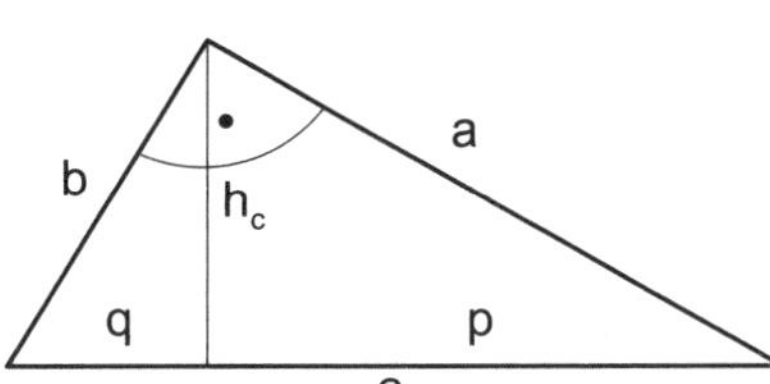

Gegeben:
$c = 6$ cm, $q = 1{,}8$ cm
Gesucht:
a
b
p
h_c
A

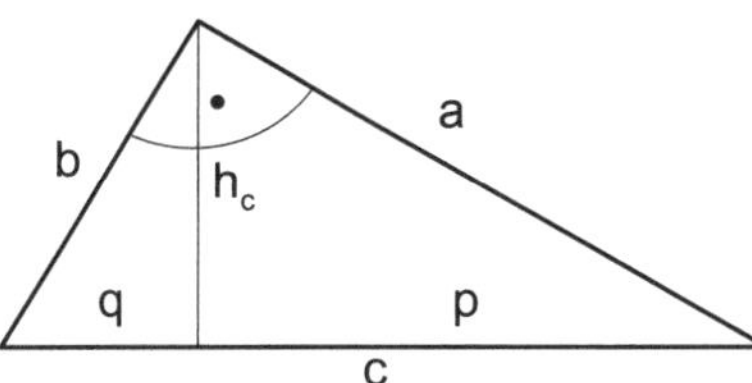

Gegeben:
$h_c = 3$ cm, $p = 4$ cm
Gesucht:
a
b
c
q
A

Je nach Rechnung ergeben sich bei manchen Lösungen Rundungsdifferenzen.

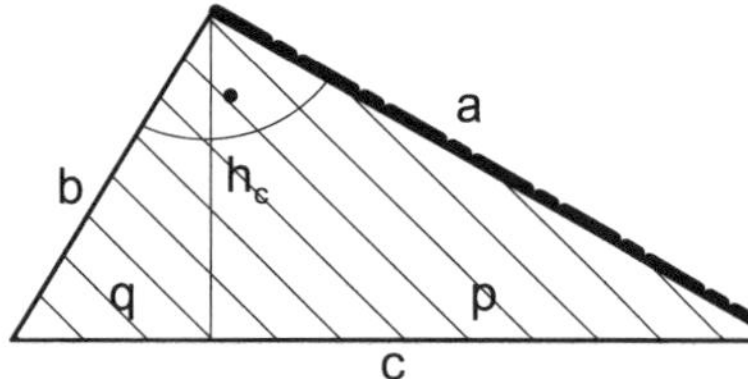

Gegeben:

a = 7 cm, A = 45,5 cm²

Gesucht:

b = 13 cm

c = 14,8 cm

p = 3,3 cm

q = 11,5 cm

h_c = 6,2 cm

Gegeben:

b = 9 cm, p = 6,9 cm

lässt sich nicht lösen

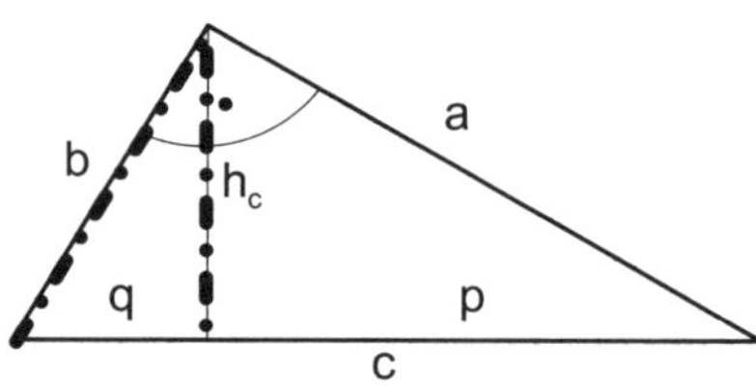

Gegeben:

b = 13 cm, h = 11 cm

Diese Aufgabe kannst du lösen, wenn du den Satz des Pythagras auf das Dreieck mit den Katheten h_c und q und der Hypotenuse b anwendest.

q = 6,9 cm, p = 17,5 cm,
c = 24,4 cm, a = 20,6 cm
A = 134,2 cm²

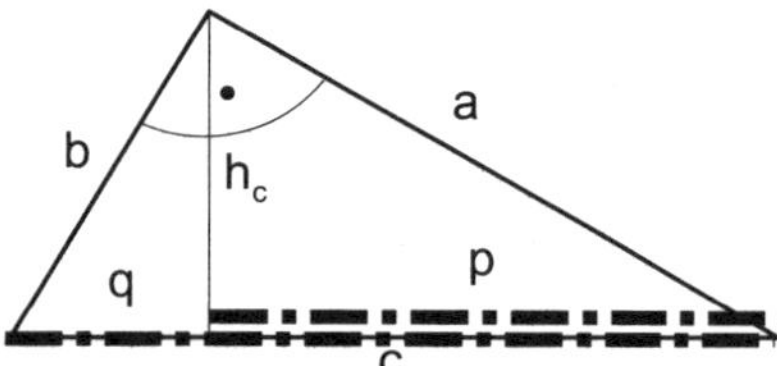

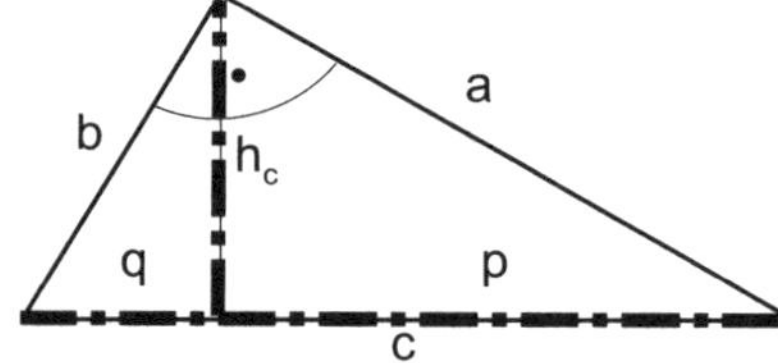

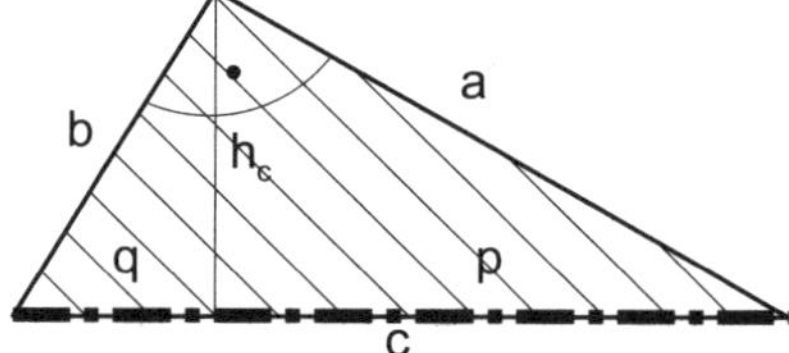

Gegeben:

c = 11 cm, p = 4,6 cm

Gesucht:

a = 7,1 cm

b = 8,4 cm

q = 6,4 cm

h_c = 5,4 cm

A = 29,8 cm²

Gegeben:

h_c = 7 cm, c = 17 cm

Gesucht:

A = 59,5 cm²

Diese Aufgabe kannst du lösen, wenn du in Klasse 10 gemischt-quadratische Gleichungen behandelt hast.

Gegeben:

A = 36 cm², c = 14,4 cm

Gesucht:

h_c = 5 cm

Diese Aufgabe kannst du lösen, wenn du in Klasse 10 gemischt-quadratische Gleichungen behandelt hast.

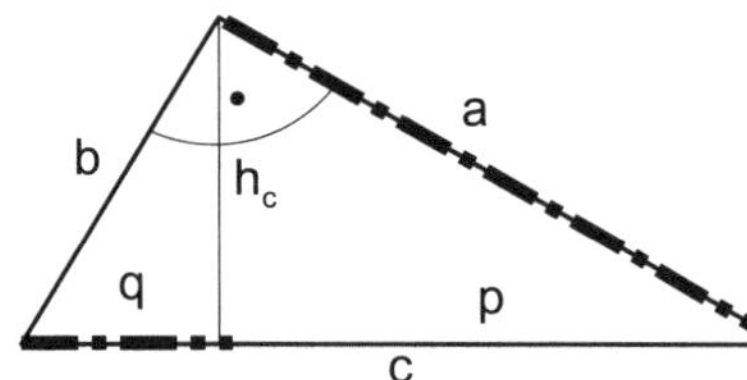

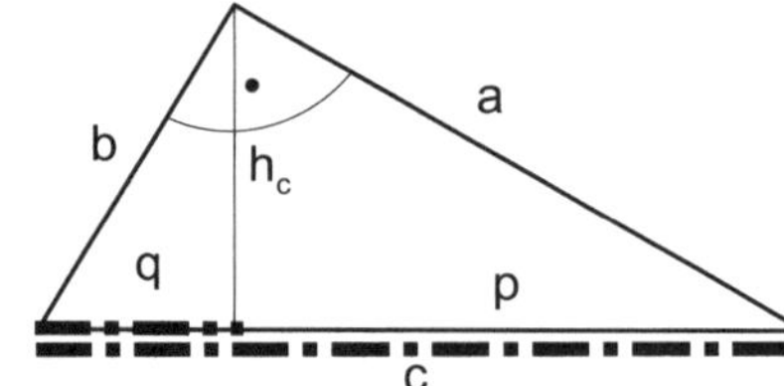

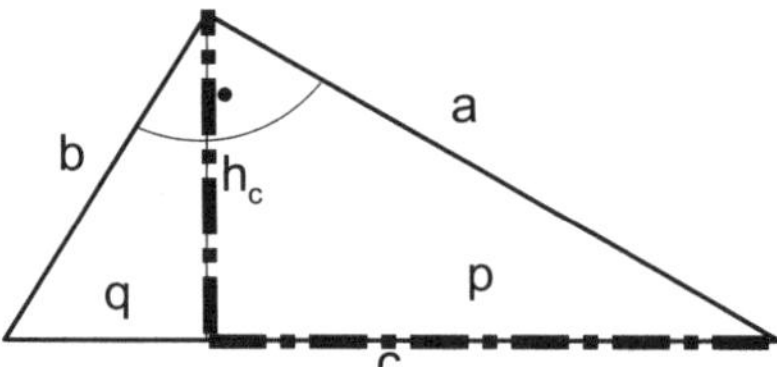

Gegeben:

a = 7 cm, q = 5,6 cm

lässt sich nicht lösen

Gegeben:

c = 6 cm, q = 1,8 cm

Gesucht:

a = 5,0 cm

b = 3,3 cm

p = 4,2 cm

h_c = 2,8 cm

A = 8,3 cm²

Gegeben:

h_c = 3 cm, p = 4 cm

Gesucht:

a = 5 cm

b = 3,75 cm

c = 6,25 cm

q = 2,25 cm

A = 9,4 cm²

Prof. Dr. Brian Teaser: Lernen an Stationen 10

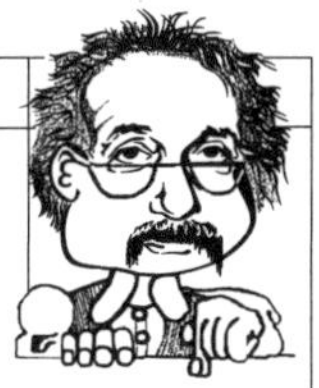

Was fängt man aber mit dem Satz des Pythagoras an, wenn keinerlei Bezeichnungen wie a, b, q, h_c oder A gegeben sind?

Aufgabe: Wie groß ist der Flächeninhalt eines regelmäßigen Sechsecks mit der Seite a = 12 cm?

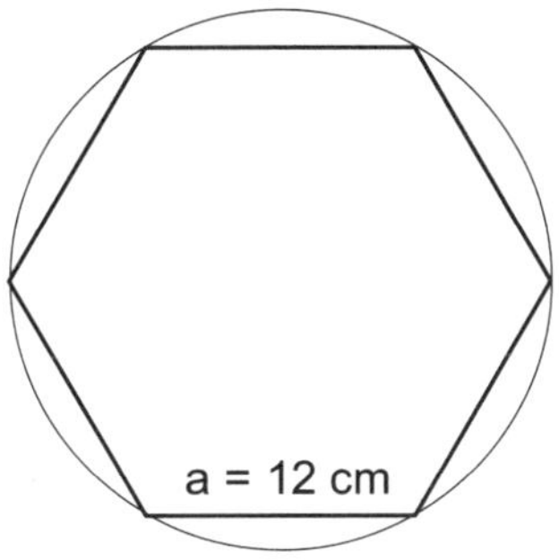

a = 12 cm

Hat die Aufgabe überhaupt etwas mit dem Satz des Pythagoras zu tun?
Bevor du diese Frage entschieden verneinst, gehe den untenstehenden Ablaufplan durch und versuche, diese Aufgabe »in den Griff« zu bekommen.

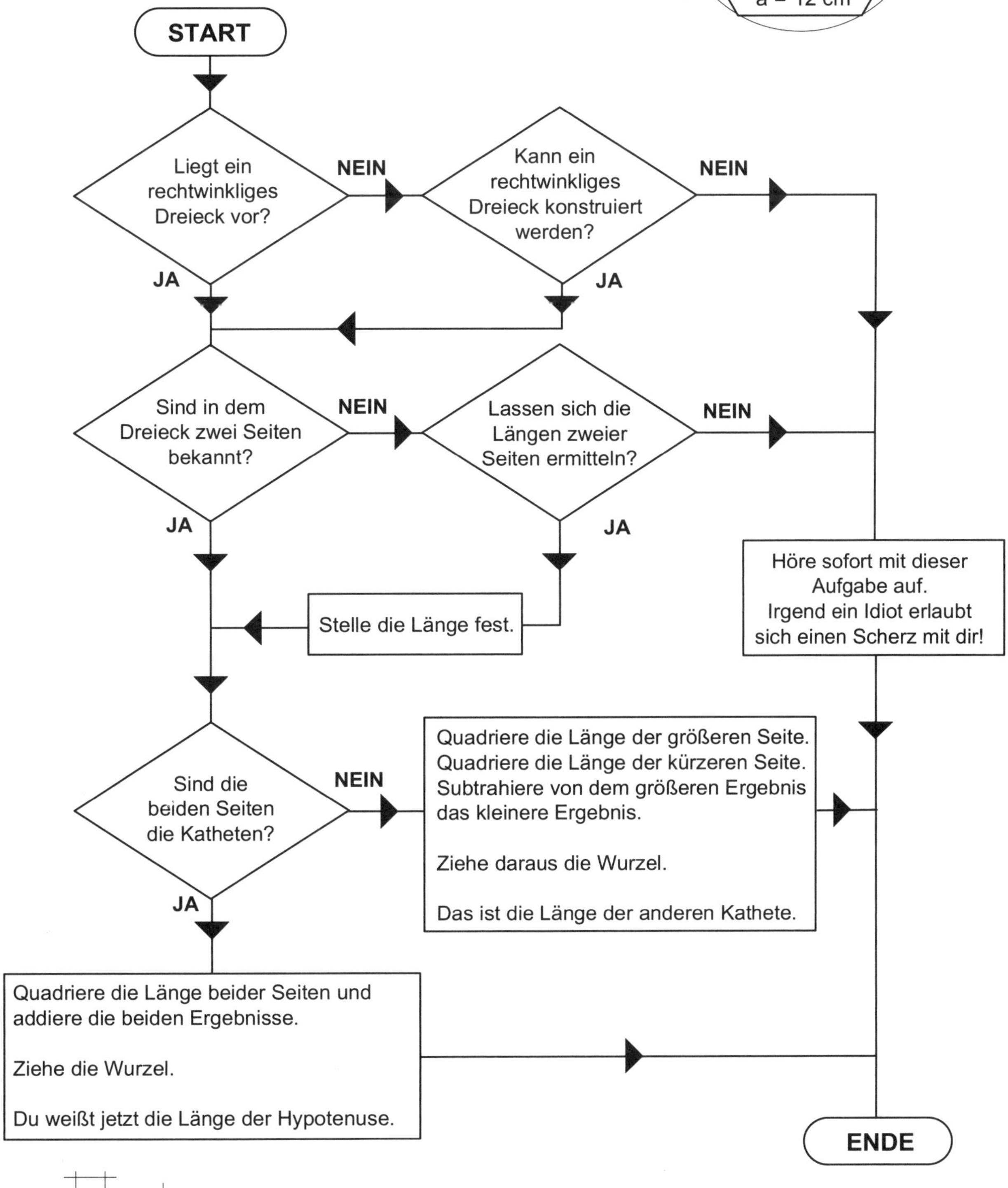

START
Liegt ein rechtwinkliges Dreieck vor?
NEIN
Kann ein rechtwinkliges Dreieck konstruiert werden?
NEIN
JA
JA
Sind in dem Dreieck zwei Seiten bekannt?
NEIN
Lassen sich die Längen zweier Seiten ermitteln?
NEIN
JA
JA
Stelle die Länge fest.
Höre sofort mit dieser Aufgabe auf. Irgend ein Idiot erlaubt sich einen Scherz mit dir!
Sind die beiden Seiten die Katheten?
NEIN
Quadriere die Länge der größeren Seite. Quadriere die Länge der kürzeren Seite. Subtrahiere von dem größeren Ergebnis das kleinere Ergebnis.
Ziehe daraus die Wurzel.
Das ist die Länge der anderen Kathete.
JA
Quadriere die Länge beider Seiten und addiere die beiden Ergebnisse.
Ziehe die Wurzel.
Du weißt jetzt die Länge der Hypotenuse.
ENDE

Aufgabe: Wie groß ist der Flächeninhalt eines regelmäßigen Sechsecks mit der Seite a = 12 cm?

Bist du mit dem Ablaufplan klar gekommen? Ja? Prima, dann überprüfe das Ergebnis.
Wenn nicht, lass uns die Sache gemeinsam durchgehen!
Vor langer, langer Zeit hast du einmal gelernt, dass sich ein regelmäßiges
Sechseck aus sechs gleichseitigen Dreiecken zusammensetzt. Erinnerst du dich?
Gleichseitig heißt, dass die Seiten dieses Dreiecks alle 12 cm lang sind.
Weiterhin hast du erfahren, dass man den Flächeninhalt eines
Dreiecks berechnet, indem man die Grundseite mit der
zugehörigen Höhe multipliziert und das Ergebnis halbiert.

$$A = \frac{g \cdot h}{2}$$

Du brauchst zur Berechnung der Fläche dringend
die Höhe h.
Und da hilft der Satz des Pythagoras.

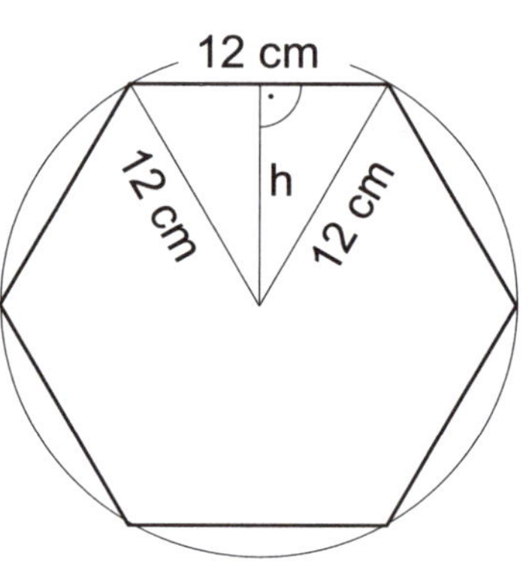

Die erste Frage »*Liegt ein rechtwinkliges Dreieck vor?*«
kannst du verneinen.

Du gehst in die Verzweigung nach rechts. »*Kann ein
rechtwinkliges Dreieck konstruiert werden?*«
Ja, wie du an der Abbildung siehst.

»*Sind in dem Dreieck zwei Seiten bekannt?*«
Eigentlich nicht.

»*Lassen sich die Längen zweier Seiten ermitteln?*«
Ja, die Grundseite a wird durch die Höhe halbiert.

»*Sind die beiden Seiten die Katheten?*« Nein.

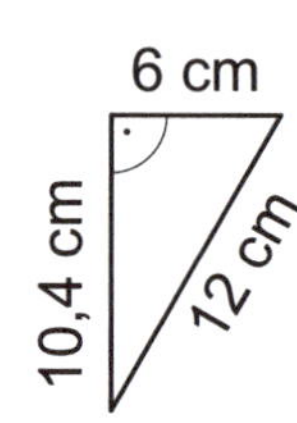

Quadriere die Länge der größeren Seite: 144.
Quadriere die Länge der kürzeren Seite: 36.
Subtrahiere von dem größeren Ergebnis das kleinere Ergebnis: 108.
Ziehe daraus die Wurzel: 10,39 _{gerundet auf 2 Dezimalstellen}.
Das ist die Länge der anderen Kathete: 10,4 cm.

Damit steht der Berechnung des Flächeninhalts des regelmäßigen Sechsecks
nichts mehr im Wege. Du berechnest den Flächeninhalt eines Dreiecks
und multiplizierst mit 6.

$$A_{\hexagon} = 6 \cdot \frac{12 \cdot 10,4}{2}$$

$$A_{\hexagon} = 374,4 \text{ cm}^2$$

Benutze den Ablaufplan zur Berechnung der folgenden Aufgaben:

1. Aufgabe: Berechne die Länge der Diagonalen e in einem Quadrat mit der Seitenlänge a = 8 cm.

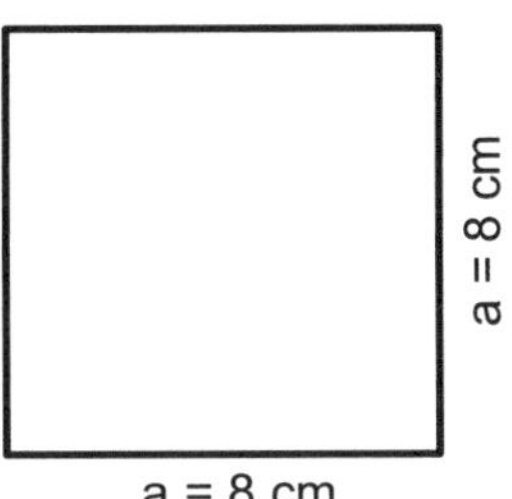

2. Aufgabe: Berechne die Länge der Diagonalen f in einem Rechteck mit den Seitenlängen a = 12 cm und b = 5 cm.

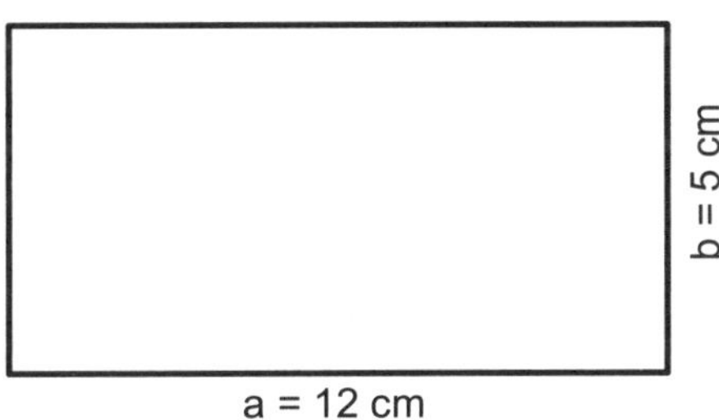

3. Aufgabe: Berechne die Höhe h_c eines *gleichschenkligen Dreiecks* mit den Seitenlängen a = 8 cm und einer Basis c = 12 cm.

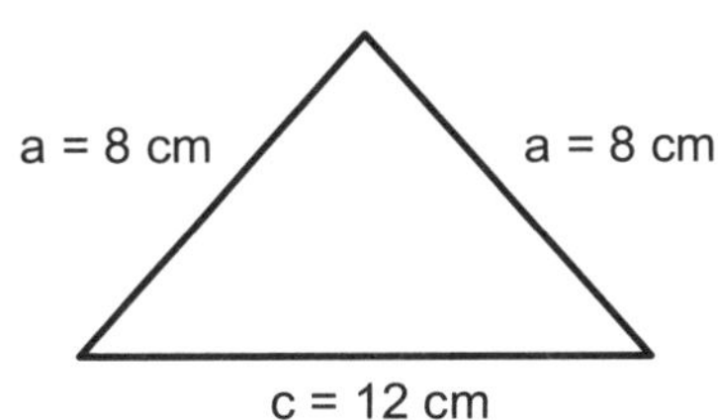

4. Aufgabe: Wie groß ist der *Abstand h* einer *Sehne* mit s = 8 cm vom *Kreismittelpunkt M*? Der Radius des Kreises beträgt 5 cm.

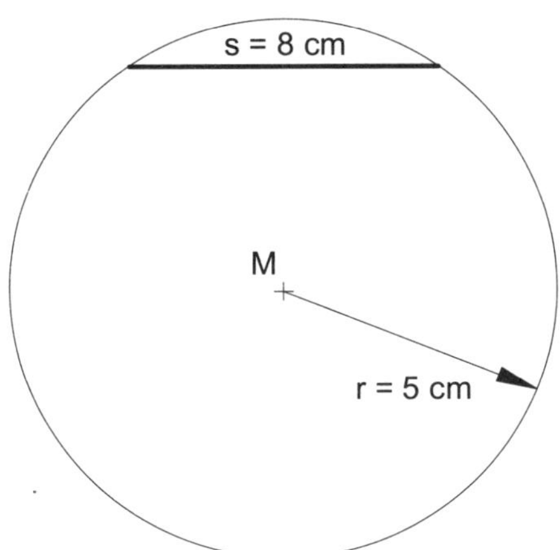

Benutze den Ablaufplan zur Berechnung der folgenden Aufgaben:

1. Aufgabe: Berechne die Länge der Diagonalen e in einem Quadrat mit der Seitenlänge a = 8 cm.

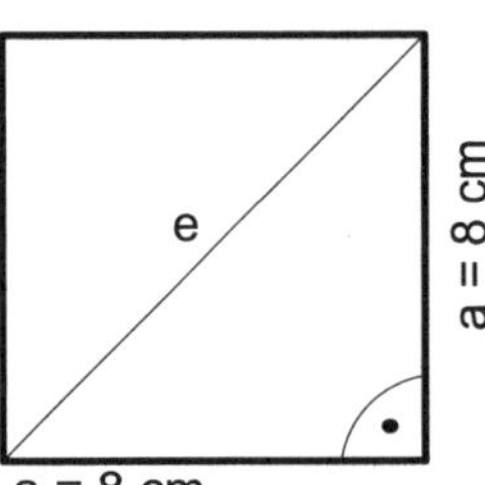

$$e = \sqrt{8^2 + 8^2}$$
$$e = \sqrt{128}$$
$$\mathbf{e = 11{,}3 \ (cm)}$$

2. Aufgabe: Berechne die Länge der Diagonalen f in einem Rechteck mit den Seitenlängen a = 12 cm und b = 5 cm.

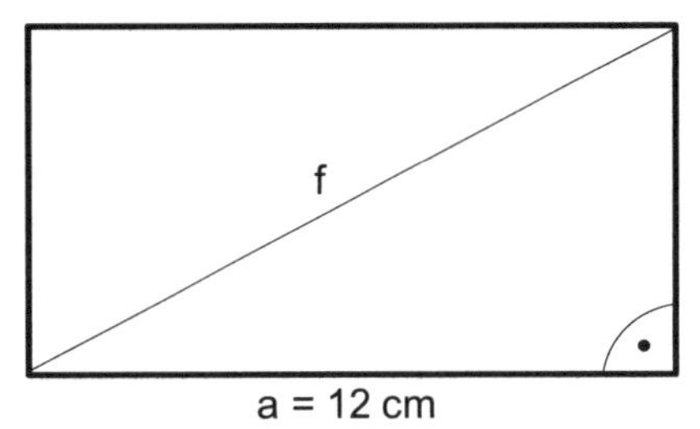

$$f = \sqrt{12^2 + 5^2}$$
$$f = \sqrt{169}$$
$$\mathbf{f = 13 \ (cm)}$$

3. Aufgabe: Berechne die Höhe h_c eines *gleichschenkligen Dreiecks* mit den Seitenlängen a = 8 cm und einer Basis c = 12 cm.

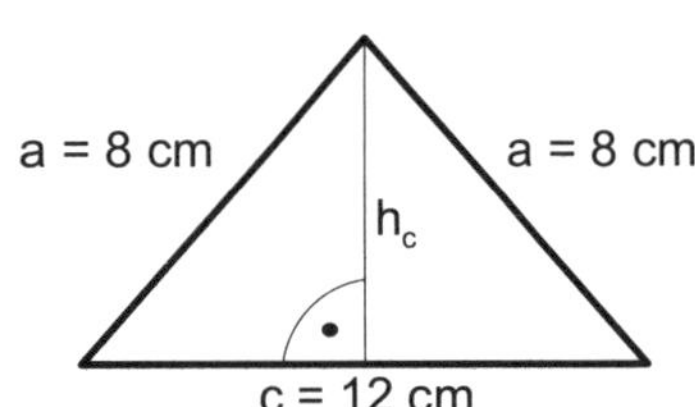

$$h_c = \sqrt{8^2 - 6^2}$$
$$h_c = \sqrt{28}$$
$$\mathbf{h_c = 5{,}3 \ (cm)}$$

4. Aufgabe: Wie groß ist der Abstand h einer Sehne mit s = 8 cm vom Kreismittelpunkt? Der Radius des Kreises beträgt 5 cm.

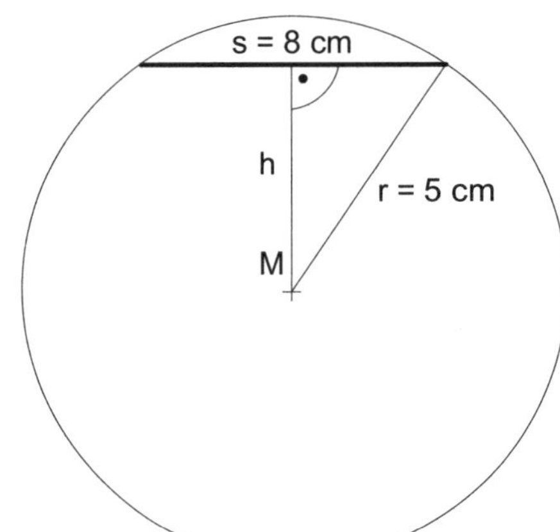

$$h = \sqrt{5^2 - 4^2}$$
$$h = \sqrt{9}$$
$$\mathbf{h = 3 \ (cm)}$$

Der Abstand beträgt 3 cm.

Benutze den Ablaufplan zur Berechnung der folgenden Aufgaben.

5. Aufgabe: Berechne die Höhe h des gleichschenkligen Trapezes mit b = 4,7 cm, a = 9 cm und c = 5,8 cm.

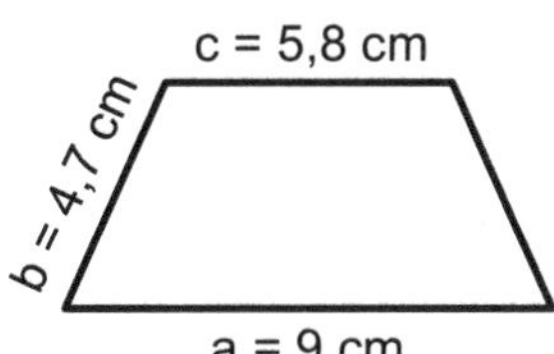

6. Aufgabe: Berechne die Länge der Raumdiagonalen d eines Würfels mit der Kantenlänge a = 7 cm.

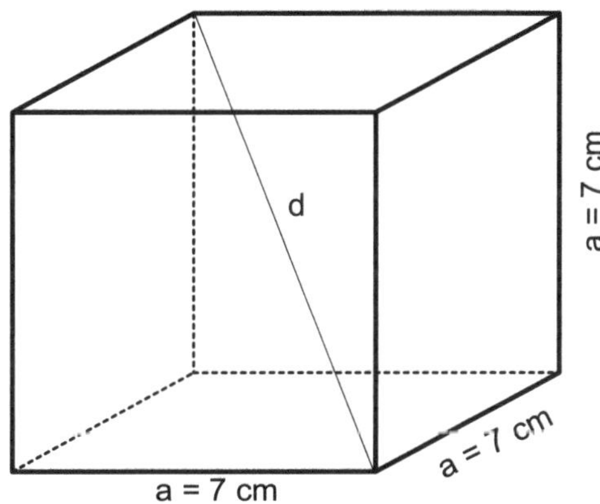

7. Aufgabe: Berechne die Länge der Raumdiagonalen d eines Quaders mit den Kantenlängen a = 7 cm, b = 4 cm und c = 3 cm.

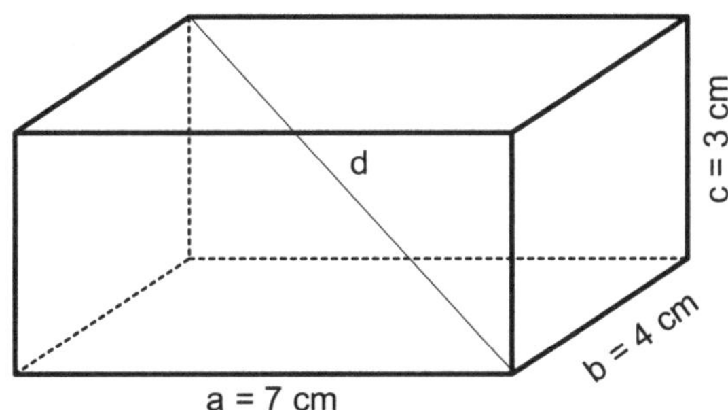

8. Aufgabe: Berechne die Seitenkante s eines Kegels mit der Höhe h = 12 cm und dem Durchmesser d = 7 cm.

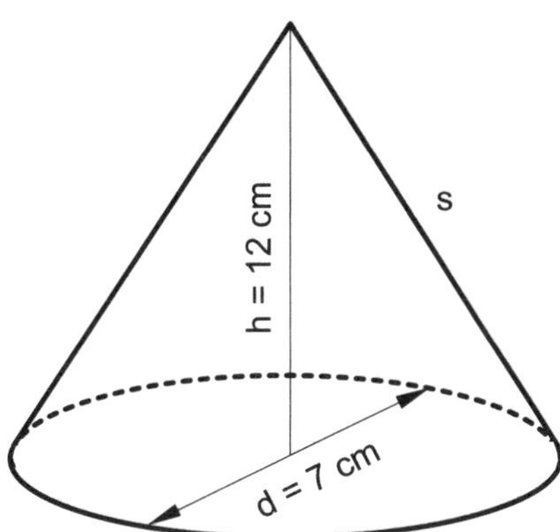

Benutze den Ablaufplan zur Berechnung der folgenden Aufgaben.

5. Aufgabe: Berechne die Höhe h des gleichschenkligen Trapezes mit b = 4,7 cm, a = 9 cm und c = 5,8 cm.

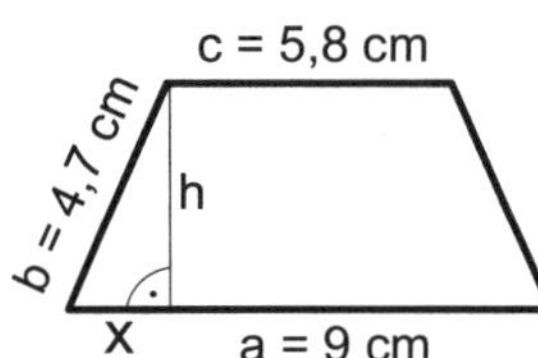

$$x = \frac{9 - 5{,}8}{2}$$

$$x = 1{,}6 \ (cm)$$

$$h = \sqrt{4{,}7^2 - 1{,}6^2}$$

$$h = \sqrt{19{,}53}$$

$$\mathbf{h = 4{,}42 \ (cm)}$$

6. Aufgabe: Berechne die Länge der Raumdiagonalen d eines Würfels mit der Kantenlänge a = 7 cm.

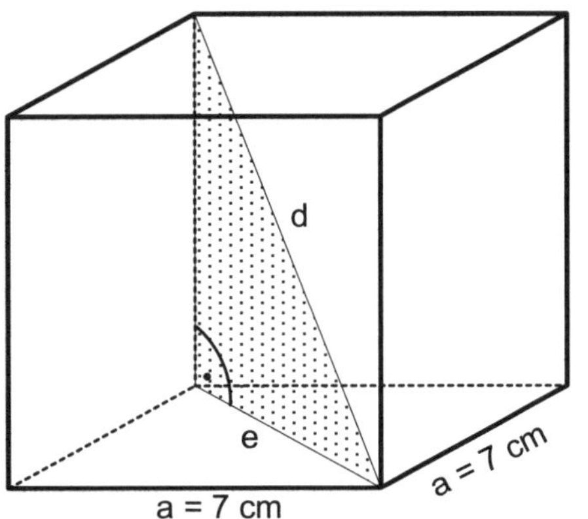

Du berechnest zunächst die Flächendiagonale e.

$$e = \sqrt{7^2 + 7^2}$$

$$e = \sqrt{98}$$

$$e = 9{,}9 \ (cm)$$

$$d = \sqrt{9{,}9^2 + 7^2}$$

$$d = \sqrt{147{,}01}$$

$$\mathbf{d = 12{,}1 \ (cm)}$$

Schneller geht es allerdings mit der Formel $d = a \cdot \sqrt{3}$.

7. Aufgabe: Berechne die Länge der Raumdiagonalen d eines Quaders mit den Kantenlängen a = 7 cm, b = 4 cm und c = 3 cm.

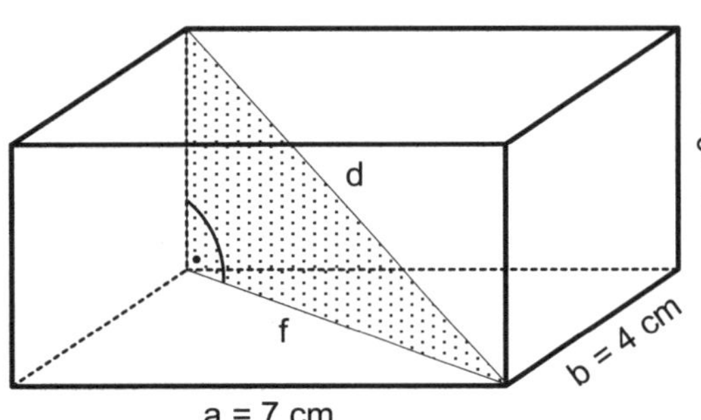

Du berechnest zunächst die Flächendiagonale f.

$$f = \sqrt{7^2 + 4^2}$$

$$f = \sqrt{65}$$

$$f = 8{,}1 \ (cm)$$

$$d = \sqrt{8{,}06^2 + 3^2}$$

$$d = \sqrt{73{,}9636}$$

$$\mathbf{d = 8{,}6 \ (cm)}$$

Schneller geht es allerdings mit der Formel $d = \sqrt{a^2 + b^2 + c^2}$.

8. Aufgabe: Berechne die Seitenkante s eines Kegels mit der Höhe h = 12 cm und dem Durchmesser d = 7 cm.

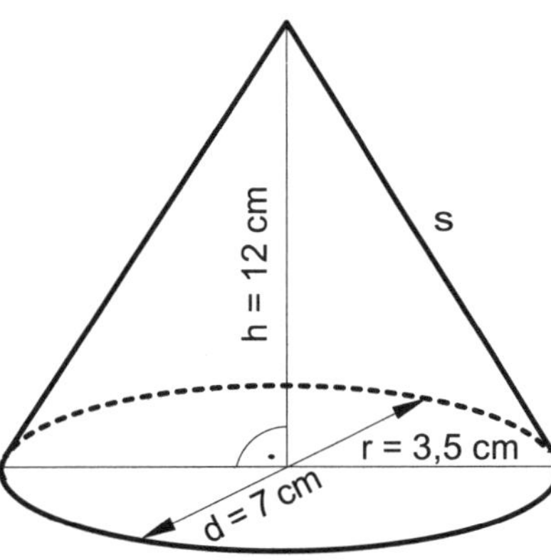

$$s = \sqrt{12^2 + 3{,}5^2}$$

$$s = \sqrt{156{,}25}$$

$$\mathbf{s = 12{,}5 \ (cm)}$$

Etwas schwierig wird es, wenn du den Satz des Pythagoras an Körpern
wie Pyramide oder Pyramidenstumpf anwenden musst.
Als Hilfe für solche Berechnungen bastelst du dir am besten
das Modell einer Pyramide mit einer rechteckigen Grundfläche.
Du kannst dir dann eine Vorstellung machen, wie du vorzugehen hast.

Aufgabe: Die Grundkanten a bzw. b einer rechteckigen Pyramide
betragen 8 cm und 5 cm, die Höhe h 12,4 cm.
Wie lang sind die Dreieckshöhen h_a und h_b?
Wie lang sind die Seitenkanten s?
Berechne die Oberfläche der rechteckigen Pyramide.

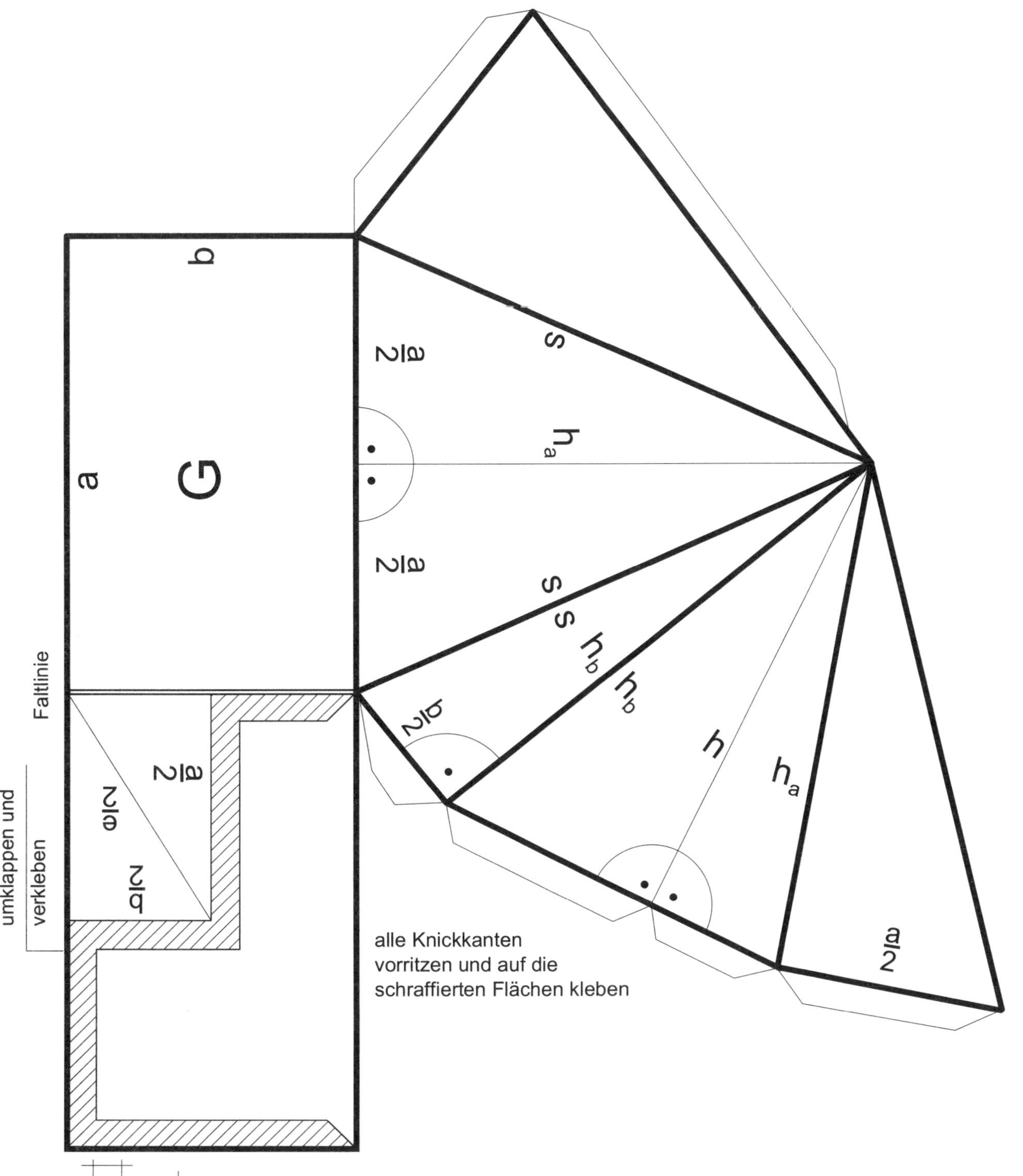

Ich denke mal, das Modell hat dazu beigetragen,
dass du zunächst h_a und h_b berechnet hast.

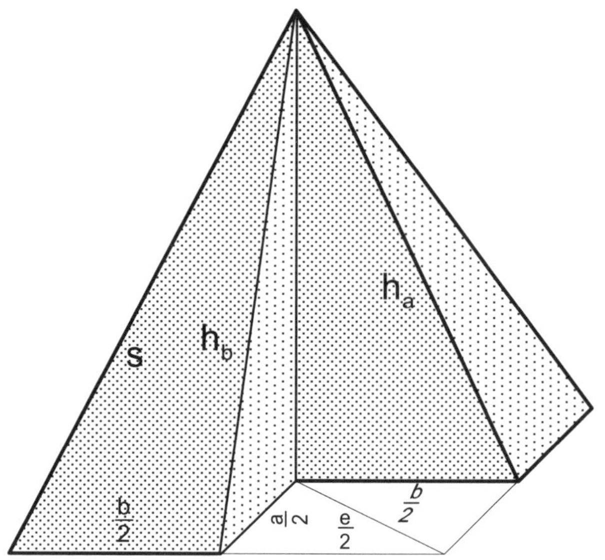

$$h_a = \sqrt{h^2 + \left(\frac{b}{2}\right)^2}$$

$$h_b = \sqrt{h^2 + \left(\frac{a}{2}\right)^2}$$

$$h_a = \sqrt{12,4^2 + 2,5^2}$$

$$h_a = 12,7 \text{ cm} \quad \text{(gerundet)}$$

$$h_b = \sqrt{12,4^2 + 4^2}$$

$$h_b = 13,0 \text{ cm} \quad \text{(gerundet)}$$

$$s = \sqrt{h_a^2 + \left(\frac{a}{2}\right)^2} \quad \text{oder} \quad s = \sqrt{h_b^2 + \left(\frac{b}{2}\right)^2}$$

$$s = \sqrt{12,7^2 + 4^2} \qquad\qquad s = \sqrt{13,0^2 + 2,5^2}$$

$$s = 13,3 \text{ cm} \quad \text{(gerundet)} \qquad s = 13,2 \text{ cm} \quad \text{(gerundet)}$$

$$O = 2 \cdot \frac{a \cdot h_a}{2} + 2 \cdot \frac{b \cdot h_b}{2} + a \cdot b$$

$$O = a \cdot h_a + b \cdot h_b + a \cdot b$$

$$O = 8 \cdot 12,7 + 5 \cdot 13,0 + 8 \cdot 5$$

$$O = 206,6 \text{ cm}^2$$

Jeder gebildete Schüler im alten Ägypten war in der Lage, mit Hilfe seines Zirkels und eines Lineals aus einem Rechteck ein flächengleiches Quadrat herzustellen. Wie sie das schafften, wirst du wissen, wenn du mein kleines Rätsel gelöst hast. Was musst du tun? Schneide die acht Bilder aus und bringe sie in die richtige Reihenfolge. Als kleine Hilfe ergibt sich ein englisches Lösungswort aus den Buchstaben, die in den einzelnen Bildern stehen. Übersetzt heißt es so viel wie »Tastatur«.

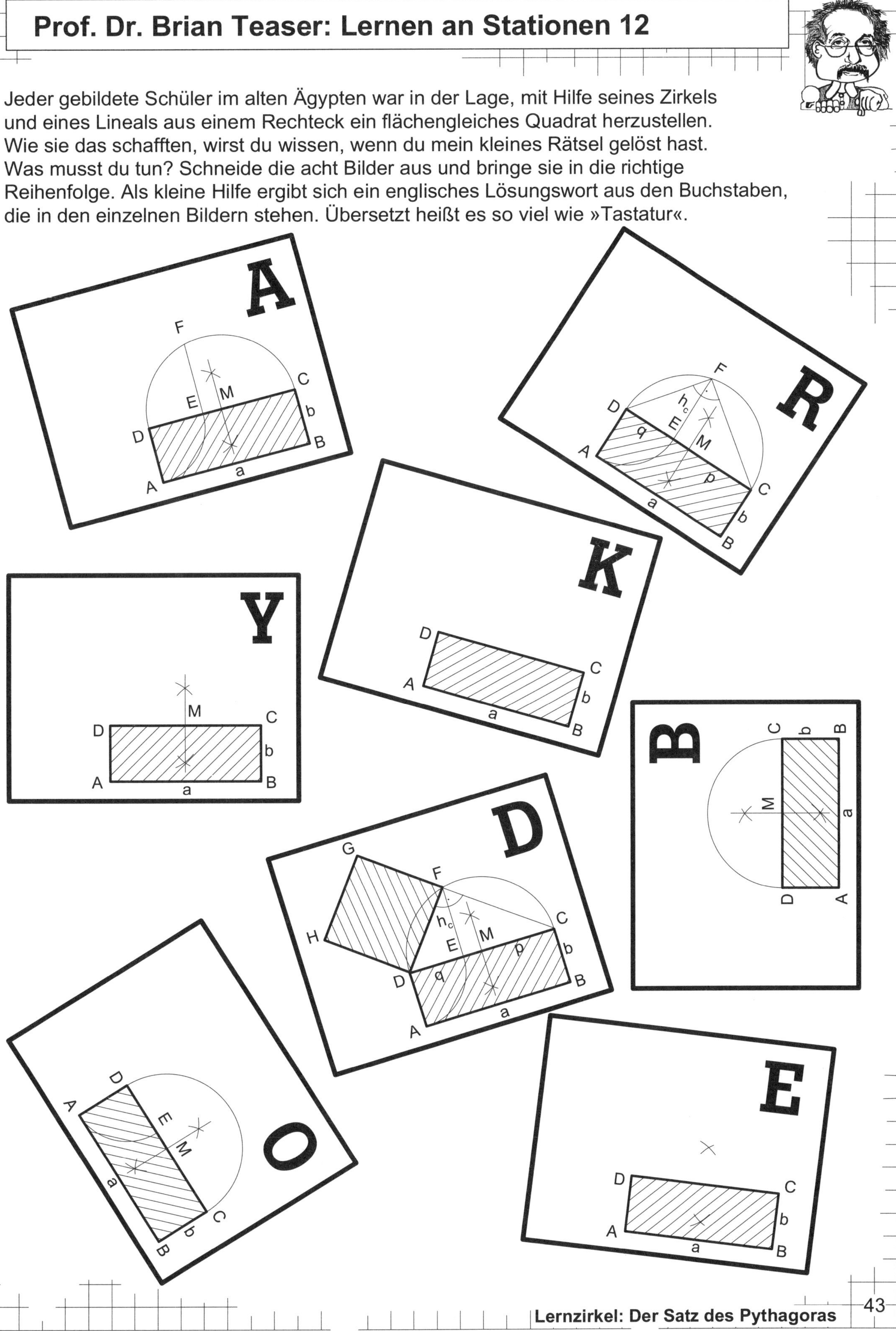

Prof. Dr. Brian Teaser: Lösung Lernen an Stationen 12

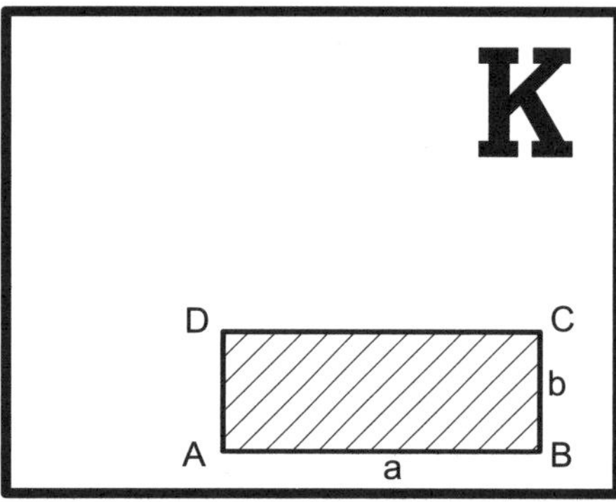

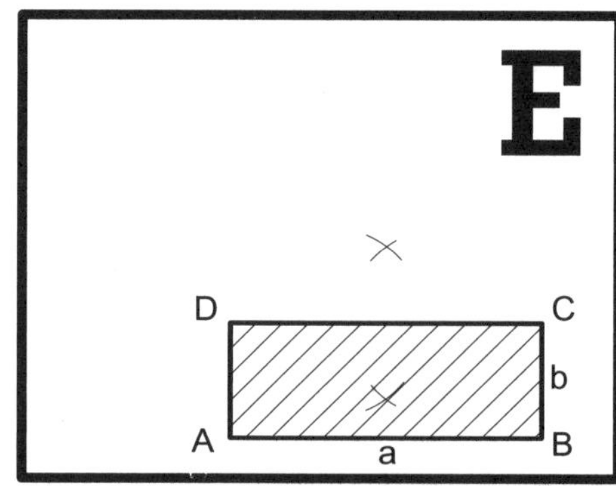

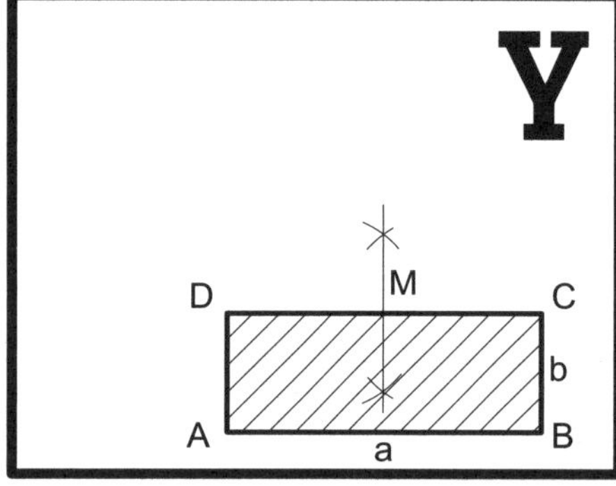

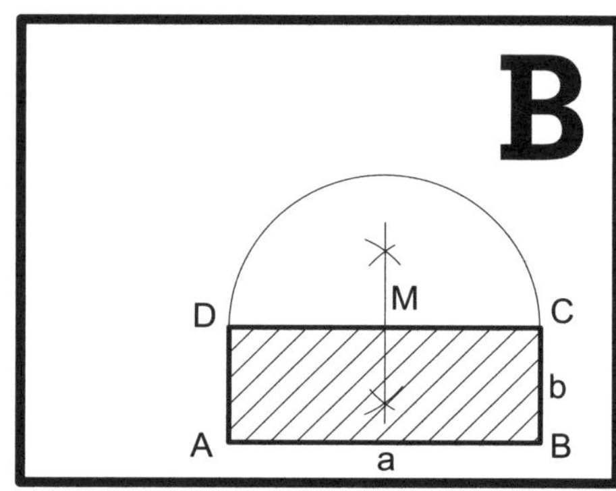

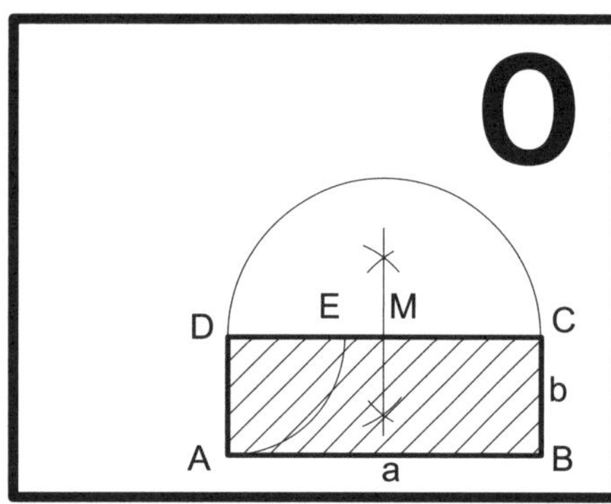

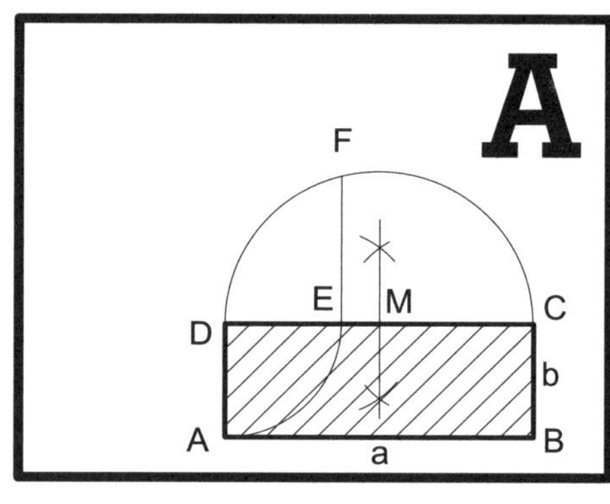

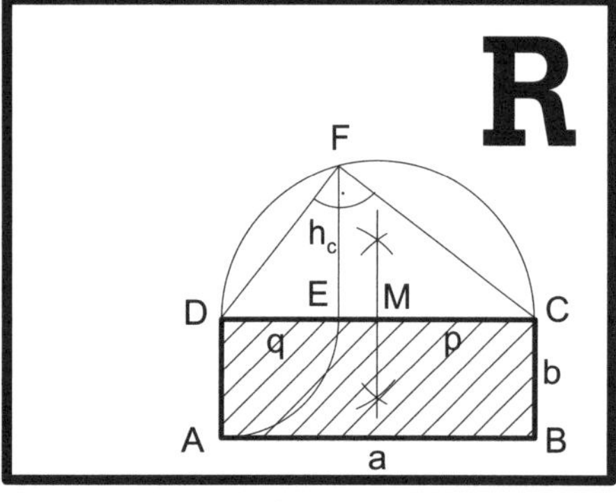

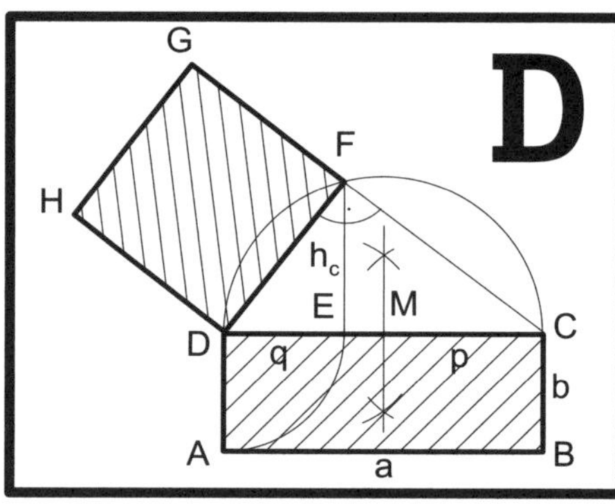

keyboard

Jeder gebildete Schüler im alten Ägypten war in der Lage, mit Hilfe seines Zirkels und eines Lineals aus einem Rechteck ein flächengleiches Quadrat herzustellen. Wie er das schaffte, wirst du wissen, wenn du mein kleines Rätsel gelöst hast. Was musst du tun? Schneide die acht Bilder aus und bringe sie in die richtige Reihenfolge. Als kleine Hilfe ergibt sich ein englisches Lösungswort aus den Buchstaben, die in den einzelnen Bildern stehen. Übersetzt heißt es so viel wie »Wachhund«.

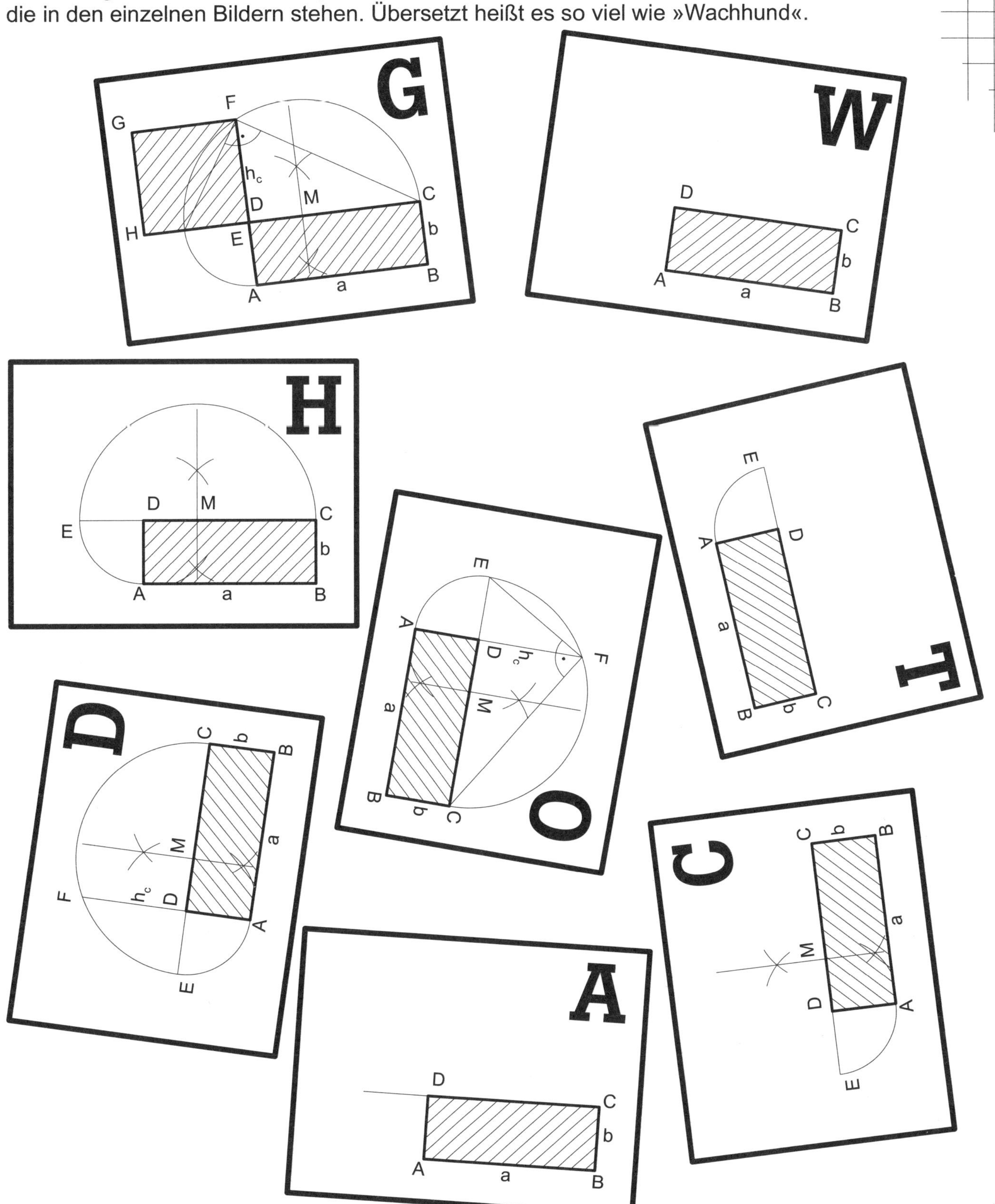

W
D
C
b
A
a
B

A
D
C
b
A
a
B

T
E
D
C
b
A
a
B

C
E
D
M
C
b
A
a
B

H
E
D
M
C
b
A
a
B

D
F
h_c
E
D
M
C
b
A
a
B

O
F
h_c
E
D
M
C
b
A
a
B

G
G
F
h_c
H
E
D
M
C
b
A
a
B

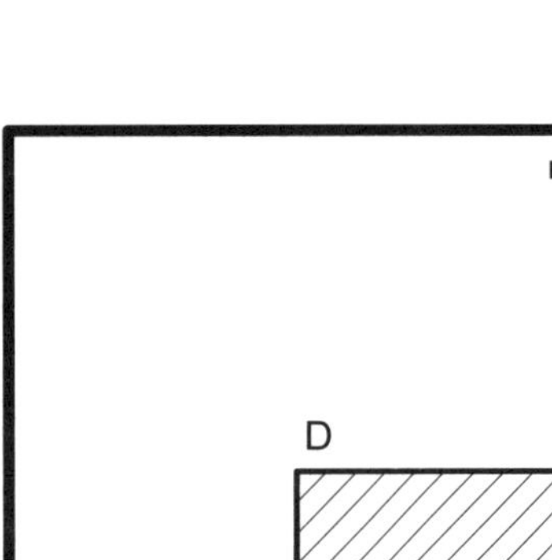

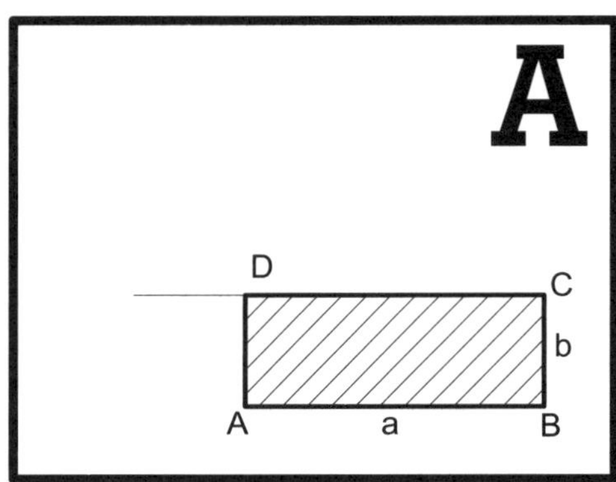

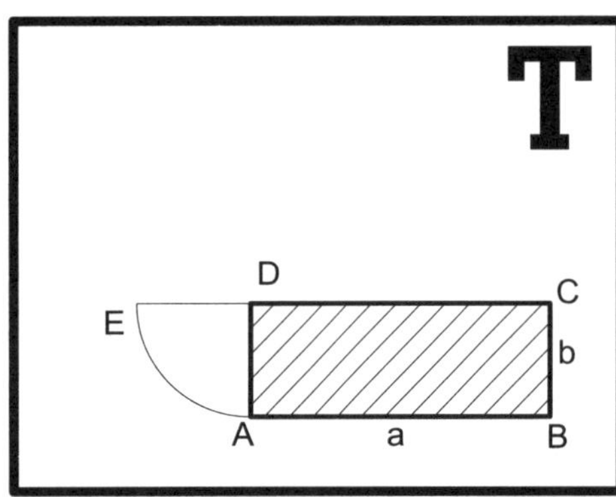

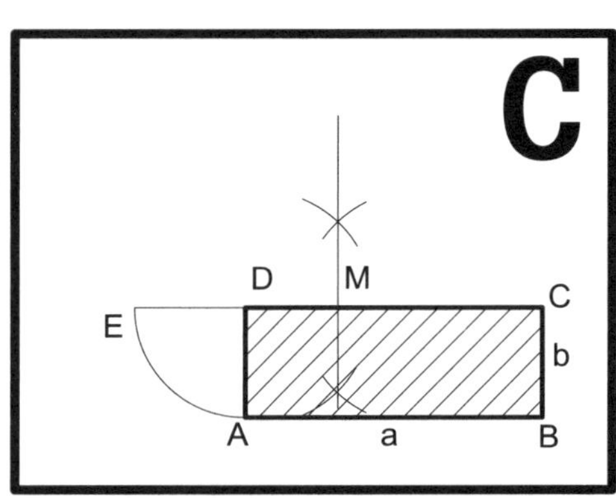

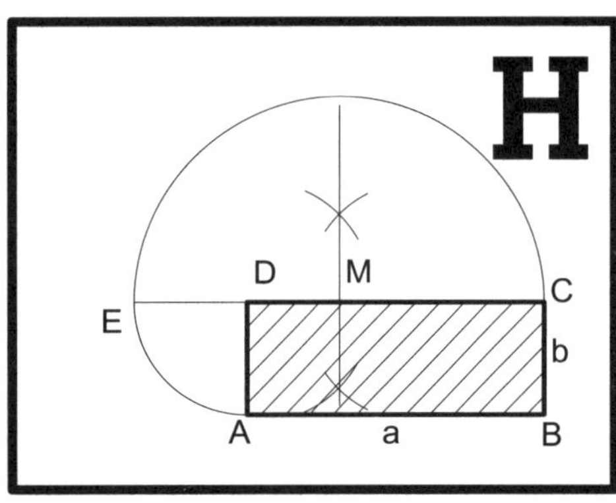

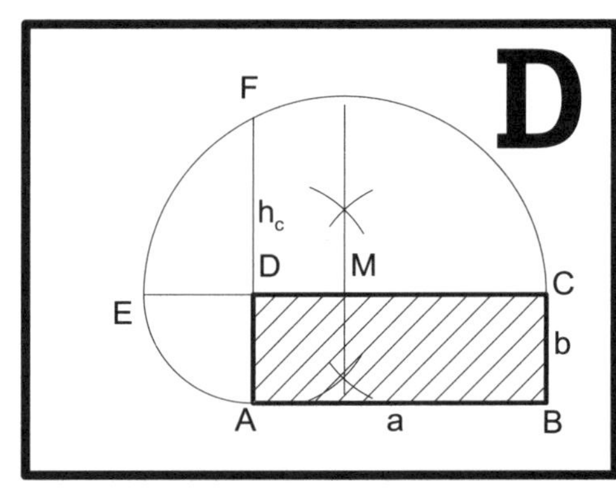

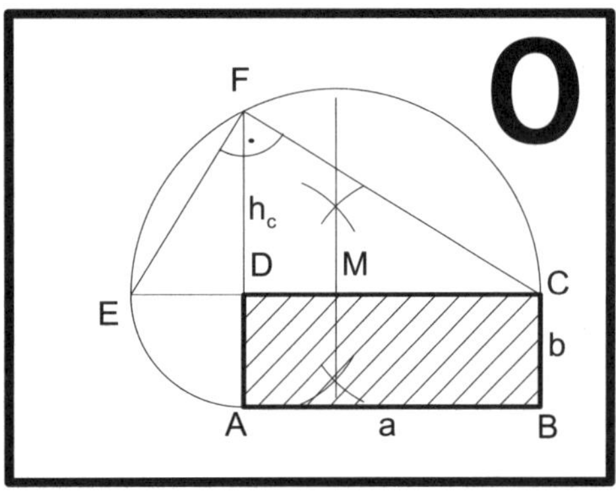

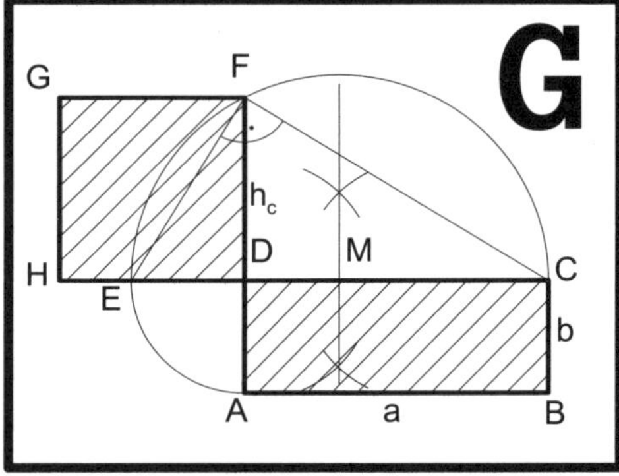

watch-dog

Wenn du alle acht Teile jeweils in die richtige Reihenfolge gebracht hast und die Lösungswörter »keyboard« und »watch-dog« herausgefunden hast, dann wird diese Aufgabe ein Kinderspiel für dich sein.

Verwandle die beiden Rechtecke in flächengleiche Quadrate.

Du sollst beide Verfahren anwenden.

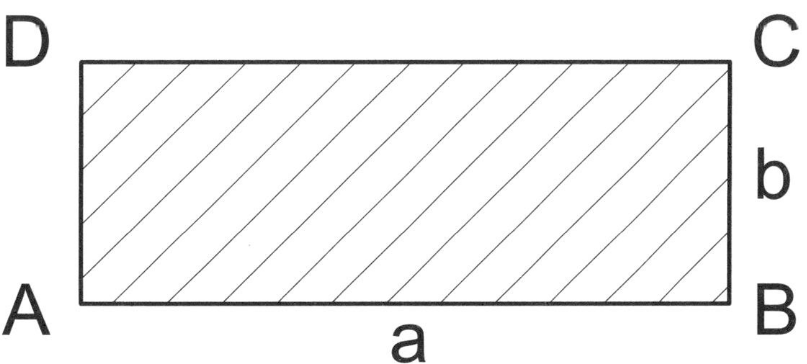

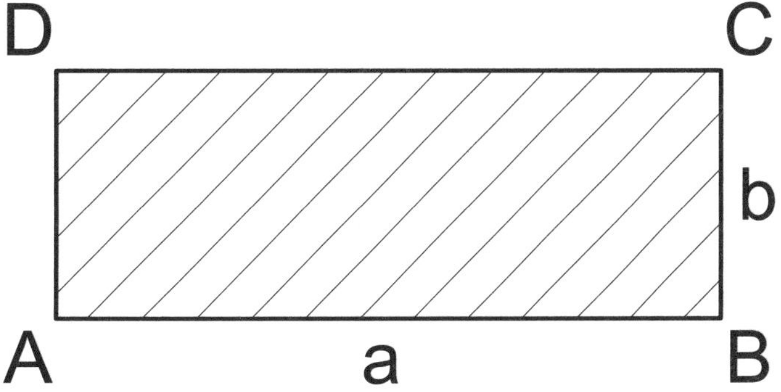

G
F
H
h_c
E
M
C
D
q
p
b
A
a
B

G
F
H
h_c
D
M
C
E
b
A
a
B

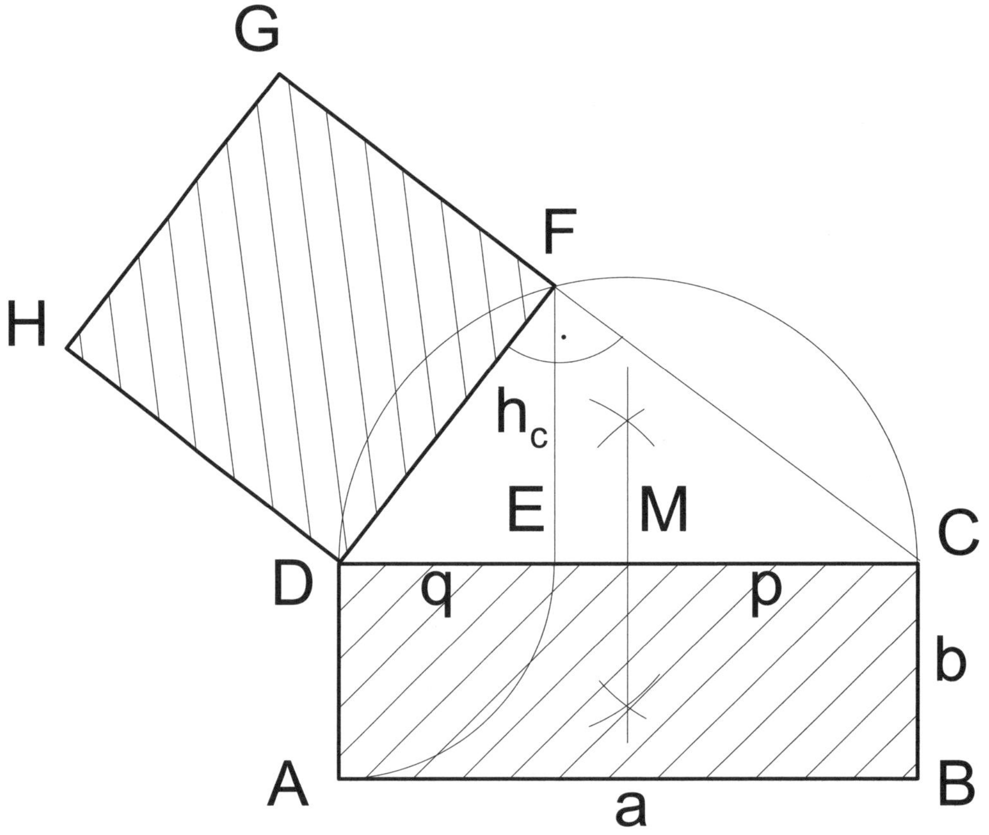

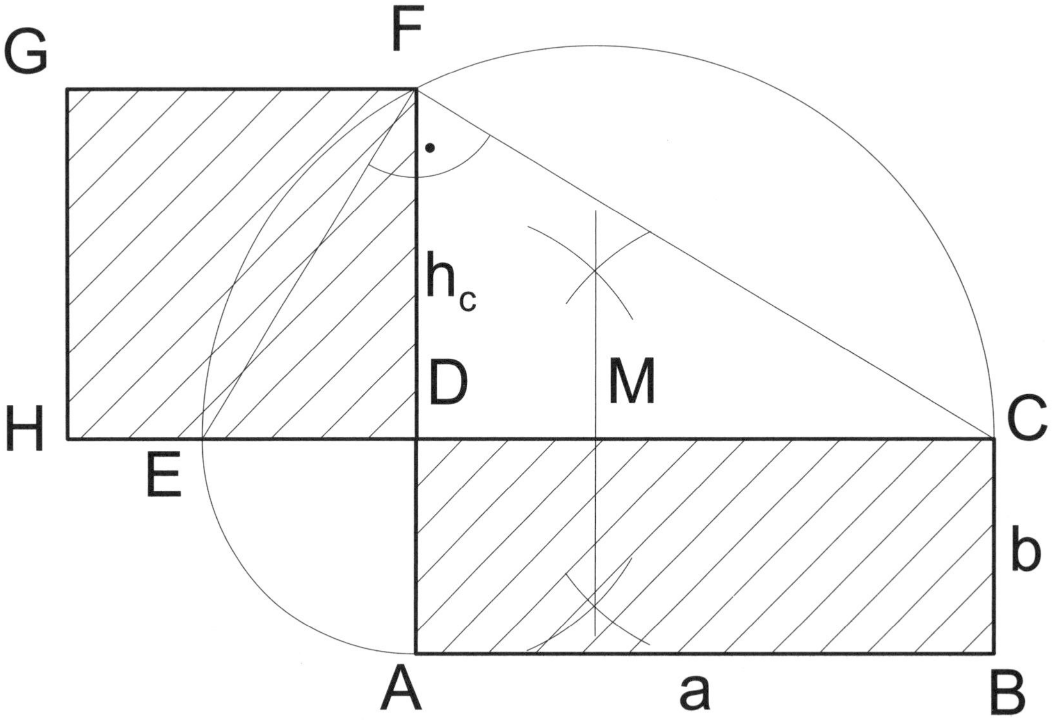

Bist du in der Lage, alle Formeln für den Umfang und Flächeninhalt der abgebildeten Figuren anzugeben und einzutragen? Ich bin gespannt.

Wiederholung: Flächenberechnung	
Quadrat	
Rechteck	
Raute (Rhombus)	
Drachen	
Parallelogramm	
Dreieck	
Trapez	

Wiederholung: Flächenberechnung

Quadrat	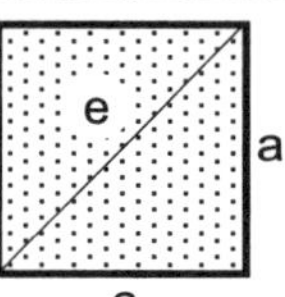	$u = 4 \cdot a$ $A = a^2$ oder $A = \dfrac{e^2}{2}$
Rechteck	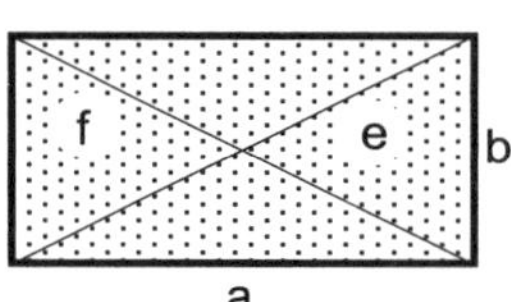	$u = 2 \cdot a + 2 \cdot b$ oder $u = 2 \cdot (a + b)$ $A = a \cdot b$
Raute (Rhombus)	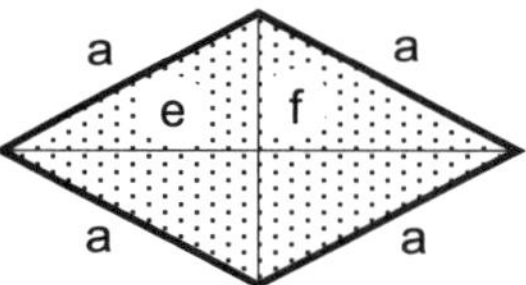	$u = 4 \cdot a$ $A = \dfrac{e \cdot f}{2}$
Drachen	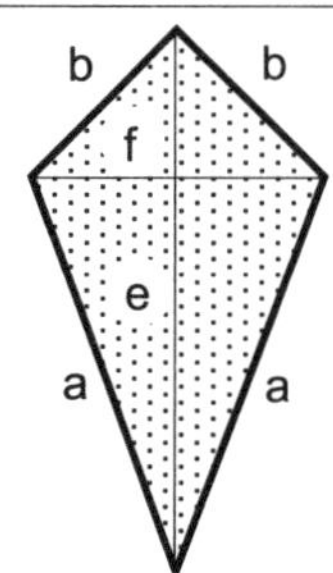	$u = 2 \cdot a + 2 \cdot b$ oder $u = 2 \cdot (a + b)$ $A = \dfrac{e \cdot f}{2}$
Parallelogramm	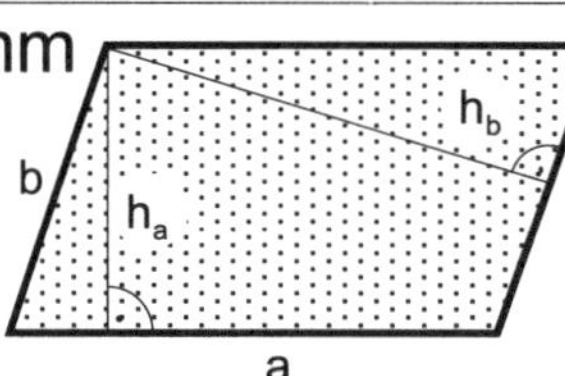	$u = 2 \cdot a + 2 \cdot b$ oder $u = 2 \cdot (a + b)$ $A = a \cdot h_a$ oder $A = b \cdot h_b$
Dreieck	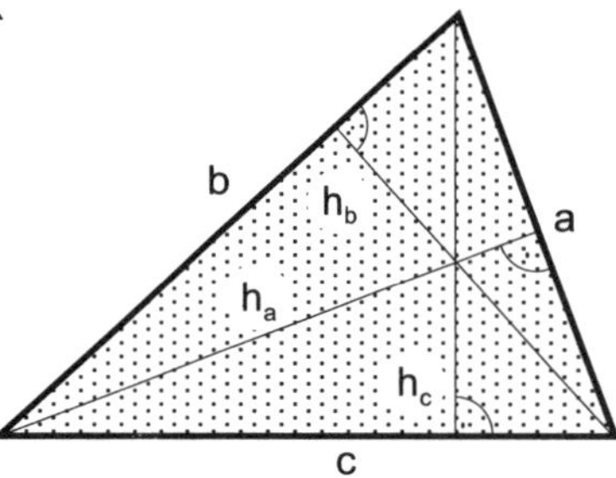	$u = a + b + c$ $A = \dfrac{a \cdot h_a}{2}$ oder $A = \dfrac{b \cdot h_b}{2}$ oder $A = \dfrac{c \cdot h_c}{2}$ Du kannst dir auch merken: Grundseite mal Höhe durch 2.
Trapez	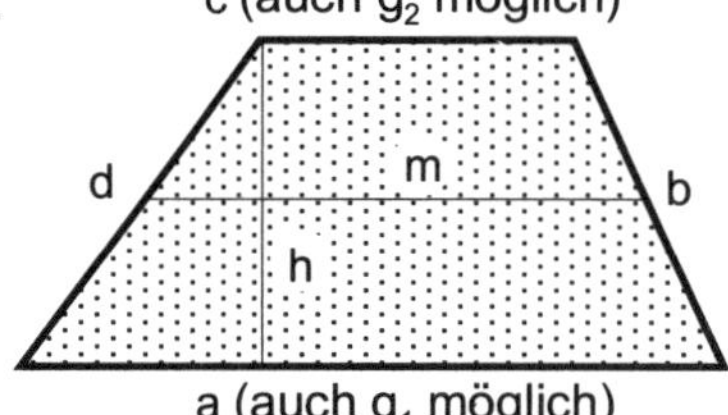	$u = a + b + c + d$ $A = m \cdot h$ mit $m = \dfrac{a + c}{2}$ In vielen Mathematikbüchern findest du: $A = \dfrac{g_1 + g_2}{2} \cdot h$ Du kannst dir auch merken: Addiere die beiden parallelen Seiten, dividiere durch 2 und multipliziere mit der Höhe.

Aufgabe 1: Der Architekt Buildnix plant auf einem rechteckigen Grundstück von 28,50 m Länge und 36 m Breite ein Wohnhaus (12,60 m x 8,40 m) mit einer angebauten Garage (6,80 m x 4,20 m). Wie groß wird die verbleibende Gartenfläche?

Rechnung:
Antwort:

Aufgabe 2: Ein Wassergraben hat einen trapezförmigen Querschnitt. Wie groß ist der Flächeninhalt?

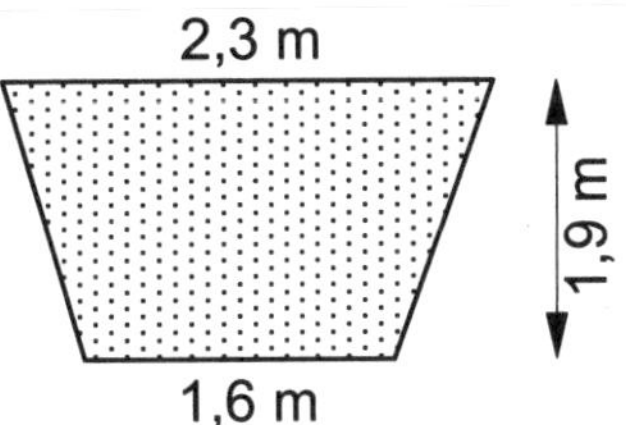

Rechnung:
Antwort:

Aufgabe 3: Malermeister Paintbrush streicht die Fassade eines Hauses. Für jeden gestrichenen Quadratmeter berechnet er 48,50 €. Wie hoch lautet seine Rechnung für die abgebildete Fassade?

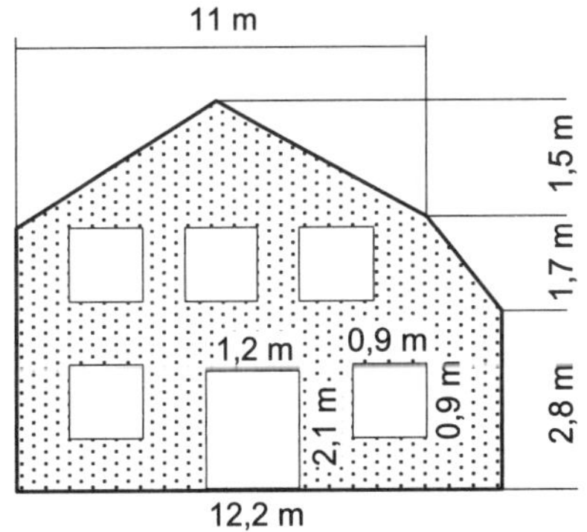

Rechnung:

Antwort:

Aufgabe 4:

Die Wand eines Treppenhauses ist mit Fliesen belegt. Wie groß ist die Fläche?

Rechnung:
Antwort:

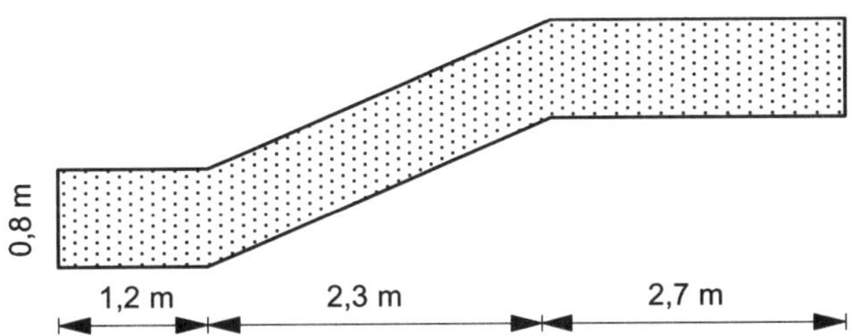

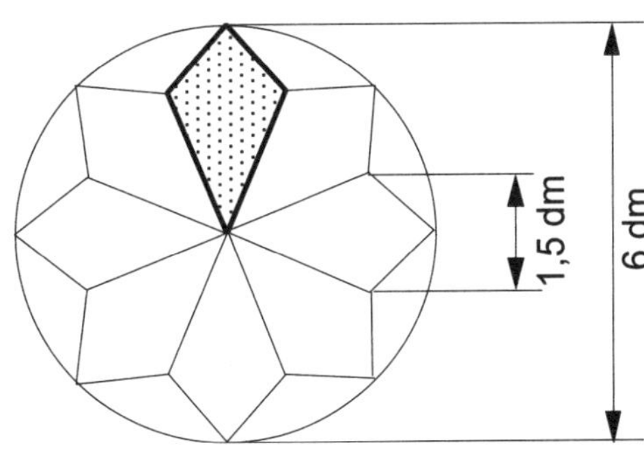

Aufgabe 5:

Für eine Tiffanylampe entwirft die Glaserin Anny McTiff ein sternförmiges Muster. Wie viel dm² farbiges Glas benötigt sie?

Rechnung:
Antwort:

Aufgabe 6:

Berechne den Flächeninhalt der abgebildeten Figur, indem du die Fläche geschickt aufteilst.

Rechnung:
Antwort:

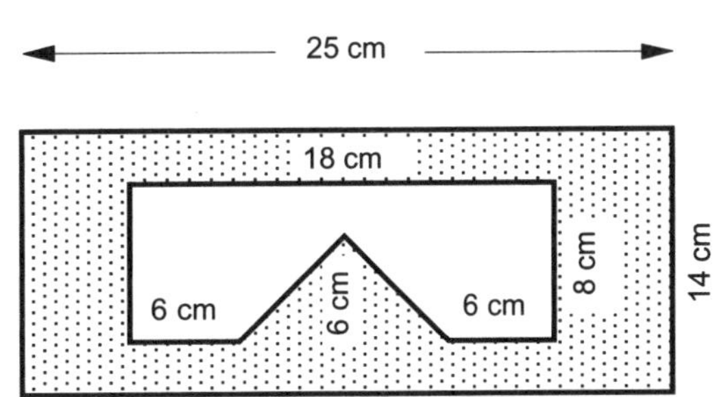

Aufgabe 1: Der Architekt Buildnix plant auf einem rechteckigen Grundstück von 28,50 m Länge und 36 m Breite ein Wohnhaus (12,60 m x 8,40 m) mit einer angebauten Garage (6,80 m x 4,20 m). Wie groß wird die verbleibende Gartenfläche?

Rechnung: $28,5 \cdot 36 - 12,6 \cdot 8,4 - 6,8 \cdot 4,2 = 891,6$
Antwort: Es verbleiben noch 891,6 m² für den Garten.

Aufgabe 2: Ein Wassergraben hat einen trapezförmigen Querschnitt. Wie groß ist der Flächeninhalt?

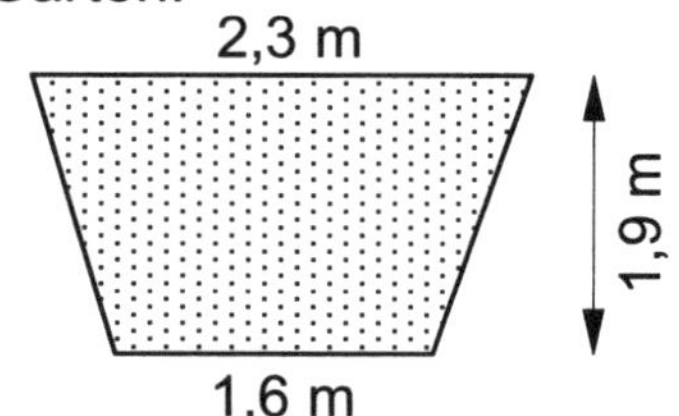

Rechnung: $[(2,3 + 1,6) : 2] \cdot 1,9 = 3,705$
Antwort: Der Flächeninhalt beträgt 3,71 m².

Aufgabe 3: Malermeister Paintbrush streicht die Fassade eines Hauses. Für jeden gestrichenen Quadratmeter berechnet er 48,50 €. Wie hoch lautet seine Rechnung für die abgebildete Fassade?

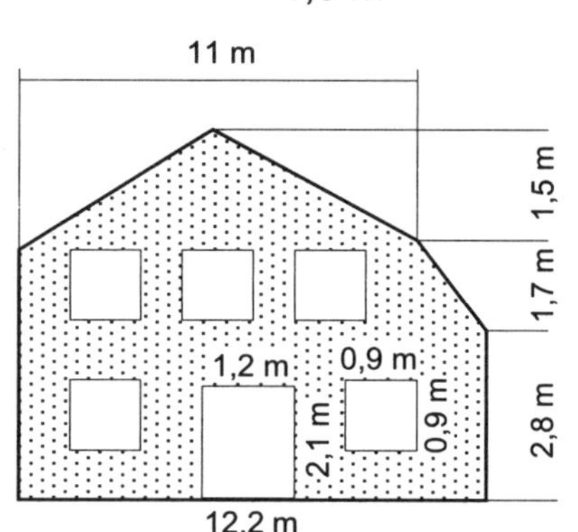

Rechnung: $\{12,2 \cdot 2,8 + [(12,2 + 11) : 2] \cdot 1,7 +$
$(11 \cdot 1,5) : 2 - 5 \cdot 0,9^2 -$
$1,2 \cdot 2,1\} \cdot 48,50 = 2694,66$
Antwort: Seine Rechnung beläuft sich auf 2694,66 €.

Aufgabe 4:

Die Wand eines Treppenhauses ist mit Fliesen belegt. Wie groß ist die Fläche?

Rechnung: $0,8 \cdot (1,2 + 2,3 + 2,7) = 4,96$
Antwort: Der Flächeninhalt beträgt 4,96 m².

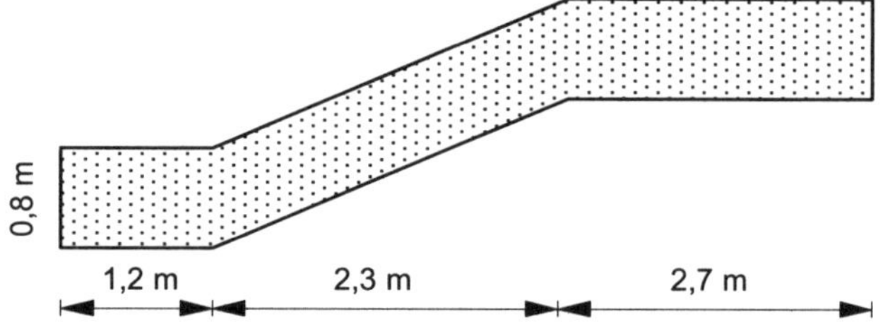

Aufgabe 5:

Für eine Tiffanylampe entwirft die Glaserin Anny McTiff ein sternförmiges Muster. Wie viel dm² farbiges Glas benötigt sie?

Rechnung: $[(3 \cdot 1,5) : 2] \cdot 8 = 18$
Antwort: Sie benötigt 18 dm² farbiges Glas.

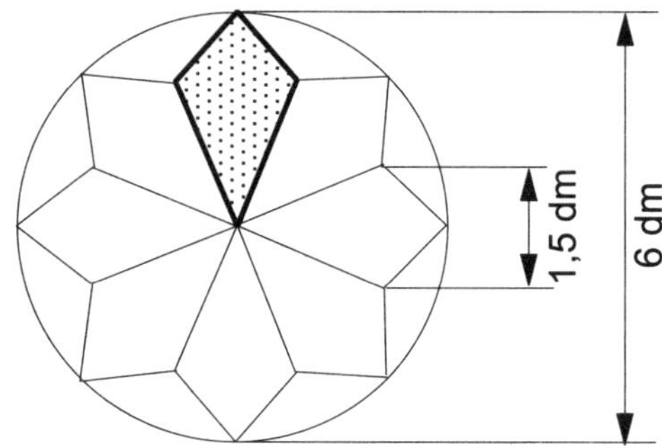

Aufgabe 6:

Berechne den Flächeninhalt der abgebildeten Figur, indem du die Fläche geschickt aufteilst.

Rechnung: $14 \cdot 25 - 18 \cdot 8 + (6 \cdot 6) : 2 = 224$
Antwort: Der Flächeninhalt beträgt 224 cm².

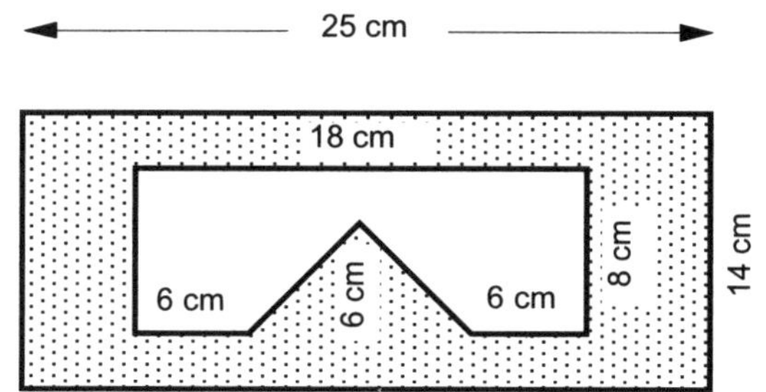

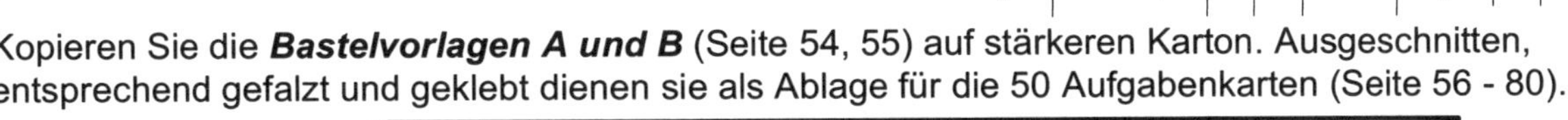
Prof. Dr. Brian Teaser: Vorbemerkungen 2

Kopieren Sie die **Bastelvorlagen A und B** (Seite 54, 55) auf stärkeren Karton. Ausgeschnitten, entsprechend gefalzt und geklebt dienen sie als Ablage für die 50 Aufgabenkarten (Seite 56 - 80).

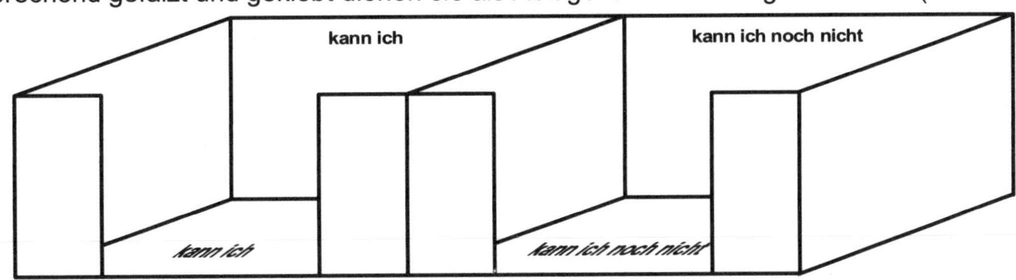

Die 50 Aufgabenkarten werden ebenfalls kopiert, ausgeschnitten, in der Mitte gefalzt und entweder zusammengeklebt oder laminiert. Man erhält so eine Lernkartei, die sich über Jahre hin verwenden und ergänzen lässt (s. Vorlage Seite 104). Laminierte Aufgabenkarten haben den Vorteil, dass sie länger haltbar sind und man sie mit wasserlöslichen Stiften beschriften kann.

Das Format der Aufgabenkarten 9 x 13 cm ermöglicht es fernerhin, sie in sogenannte Flip-Alben einzustecken, die normalerweise für Fotos gedacht und im Handel für ca. 2,50 € zu erwerben sind (Vorderseite Aufgabe, Rückseite Lösung). In die handelsüblichen Alben passen in der Regel 50 Aufgabenkarten nebst Lösungen.

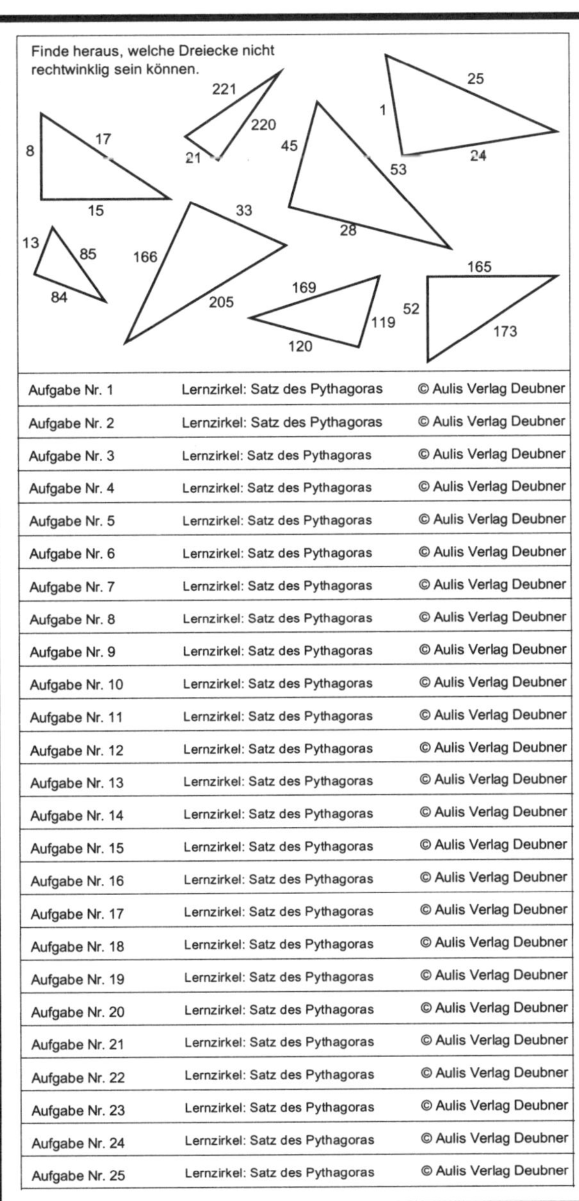

Aufgabe Nr. 1	Lernzirkel: Satz des Pythagoras	© Aulis Verlag Deubner
Aufgabe Nr. 2	Lernzirkel: Satz des Pythagoras	© Aulis Verlag Deubner
Aufgabe Nr. 3	Lernzirkel: Satz des Pythagoras	© Aulis Verlag Deubner
Aufgabe Nr. 4	Lernzirkel: Satz des Pythagoras	© Aulis Verlag Deubner
Aufgabe Nr. 5	Lernzirkel: Satz des Pythagoras	© Aulis Verlag Deubner
Aufgabe Nr. 6	Lernzirkel: Satz des Pythagoras	© Aulis Verlag Deubner
Aufgabe Nr. 7	Lernzirkel: Satz des Pythagoras	© Aulis Verlag Deubner
Aufgabe Nr. 8	Lernzirkel: Satz des Pythagoras	© Aulis Verlag Deubner
Aufgabe Nr. 9	Lernzirkel: Satz des Pythagoras	© Aulis Verlag Deubner
Aufgabe Nr. 10	Lernzirkel: Satz des Pythagoras	© Aulis Verlag Deubner
Aufgabe Nr. 11	Lernzirkel: Satz des Pythagoras	© Aulis Verlag Deubner
Aufgabe Nr. 12	Lernzirkel: Satz des Pythagoras	© Aulis Verlag Deubner
Aufgabe Nr. 13	Lernzirkel: Satz des Pythagoras	© Aulis Verlag Deubner
Aufgabe Nr. 14	Lernzirkel: Satz des Pythagoras	© Aulis Verlag Deubner
Aufgabe Nr. 15	Lernzirkel: Satz des Pythagoras	© Aulis Verlag Deubner
Aufgabe Nr. 16	Lernzirkel: Satz des Pythagoras	© Aulis Verlag Deubner
Aufgabe Nr. 17	Lernzirkel: Satz des Pythagoras	© Aulis Verlag Deubner
Aufgabe Nr. 18	Lernzirkel: Satz des Pythagoras	© Aulis Verlag Deubner
Aufgabe Nr. 19	Lernzirkel: Satz des Pythagoras	© Aulis Verlag Deubner
Aufgabe Nr. 20	Lernzirkel: Satz des Pythagoras	© Aulis Verlag Deubner
Aufgabe Nr. 21	Lernzirkel: Satz des Pythagoras	© Aulis Verlag Deubner
Aufgabe Nr. 22	Lernzirkel: Satz des Pythagoras	© Aulis Vorlag Deubner
Aufgabe Nr. 23	Lernzirkel: Satz des Pythagoras	© Aulis Verlag Deubner
Aufgabe Nr. 24	Lernzirkel: Satz des Pythagoras	© Aulis Verlag Deubner
Aufgabe Nr. 25	Lernzirkel: Satz des Pythagoras	© Aulis Verlag Deubner
Aufgabe Nr. 26	Lernzirkel: Satz des Pythagoras	© Aulis Verlag Deubner
Aufgabe Nr. 27	Lernzirkel: Satz des Pythagoras	© Aulis Verlag Deubner
Aufgabe Nr. 28	Lernzirkel: Satz des Pythagoras	© Aulis Verlag Deubner
Aufgabe Nr. 29	Lernzirkel: Satz des Pythagoras	© Aulis Verlag Deubner
Aufgabe Nr. 30	Lernzirkel: Satz des Pythagoras	© Aulis Verlag Deubner
Aufgabe Nr. 31	Lernzirkel: Satz des Pythagoras	© Aulis Verlag Deubner
Aufgabe Nr. 32	Lernzirkel: Satz des Pythagoras	© Aulis Verlag Deubner
Aufgabe Nr. 33	Lernzirkel: Satz des Pythagoras	© Aulis Verlag Deubner
Aufgabe Nr. 34	Lernzirkel: Satz des Pythagoras	© Aulis Verlag Deubner
Aufgabe Nr. 35	Lernzirkel: Satz des Pythagoras	© Aulis Verlag Deubner
Aufgabe Nr. 36	Lernzirkel: Satz des Pythagoras	© Aulis Verlag Deubner
Aufgabe Nr. 37	Lernzirkel: Satz des Pythagoras	© Aulis Verlag Deubner
Aufgabe Nr. 38	Lernzirkel: Satz des Pythagoras	© Aulis Verlag Deubner
Aufgabe Nr. 39	Lernzirkel: Satz des Pythagoras	© Aulis Verlag Deubner
Aufgabe Nr. 40	Lernzirkel: Satz des Pythagoras	© Aulis Verlag Deubner
Aufgabe Nr. 41	Lernzirkel: Satz des Pythagoras	© Aulis Verlag Deubner
Aufgabe Nr. 42	Lernzirkel: Satz des Pythagoras	© Aulis Verlag Deubner
Aufgabe Nr. 43	Lernzirkel: Satz des Pythagoras	© Aulis Verlag Deubner
Aufgabe Nr. 44	Lernzirkel: Satz des Pythagoras	© Aulis Verlag Deubner
Aufgabe Nr. 45	Lernzirkel: Satz des Pythagoras	© Aulis Verlag Deubner
Aufgabe Nr. 46	Lernzirkel: Satz des Pythagoras	© Aulis Verlag Deubner
Aufgabe Nr. 47	Lernzirkel: Satz des Pythagoras	© Aulis Verlag Deubner
Aufgabe Nr. 48	Lernzirkel: Satz des Pythagoras	© Aulis Verlag Deubner
Aufgabe Nr. 49	Lernzirkel: Satz des Pythagoras	© Aulis Verlag Deubner
Aufgabe Nr. 50	Lernzirkel: Satz des Pythagoras	© Aulis Verlag Deubner

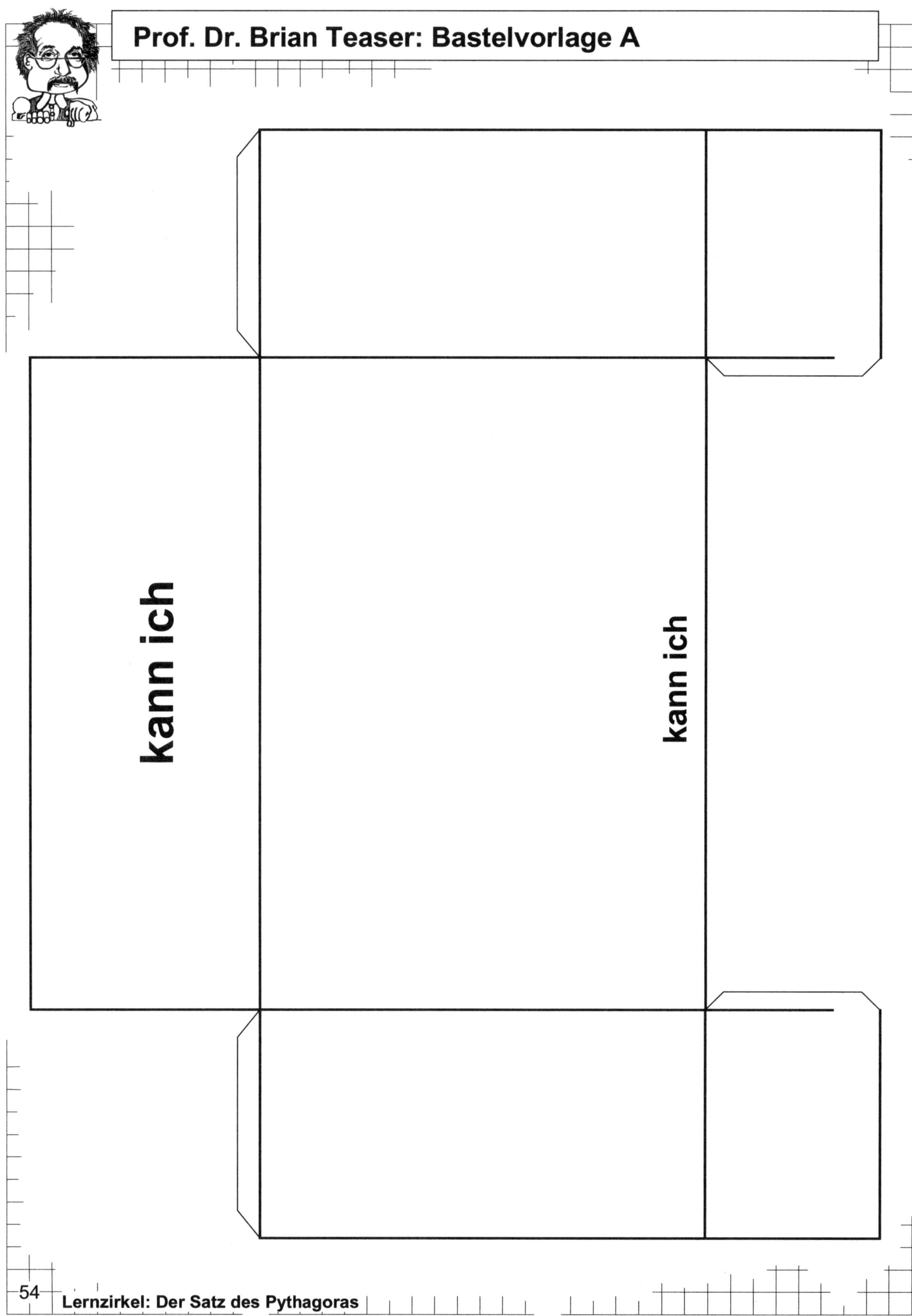
kann ich
kann ich

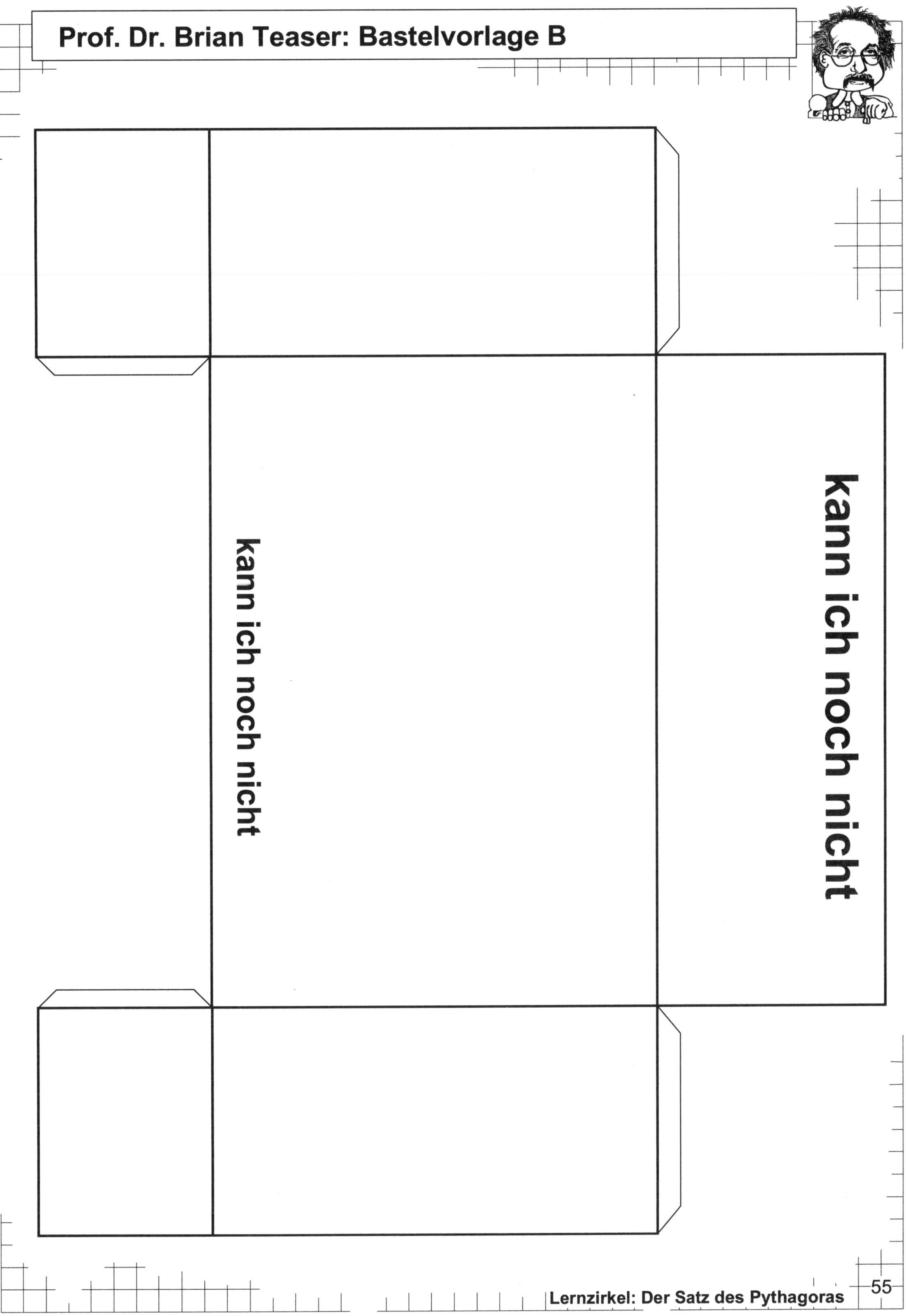
kann ich noch nicht
kann ich noch nicht

Prof. Dr. Brian Teaser: Karteikarten zum Ausschneiden

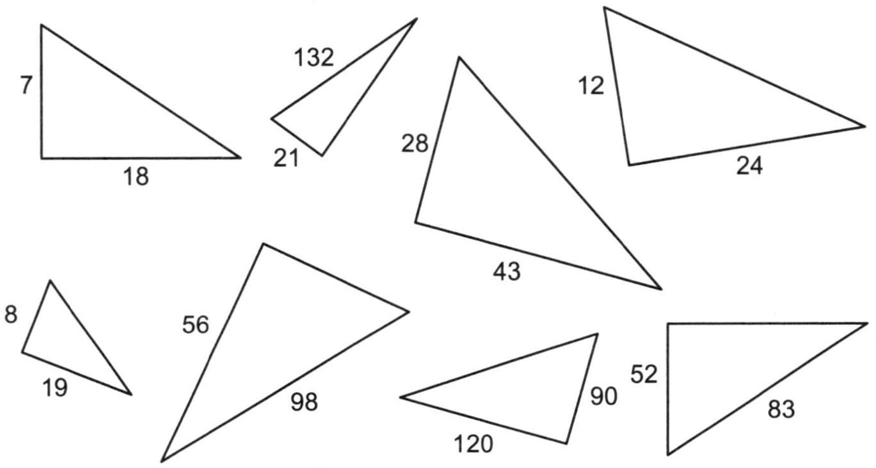

Aufgabe Nr. 2 — Lernzirkel: Der Satz des Pythagoras — © Aulis Verlag Deubner

Alle Dreiecke sind rechtwinklig. Berechne die fehlende Seite auf eine Dezimalstelle genau. Runde dabei auf bzw. ab.

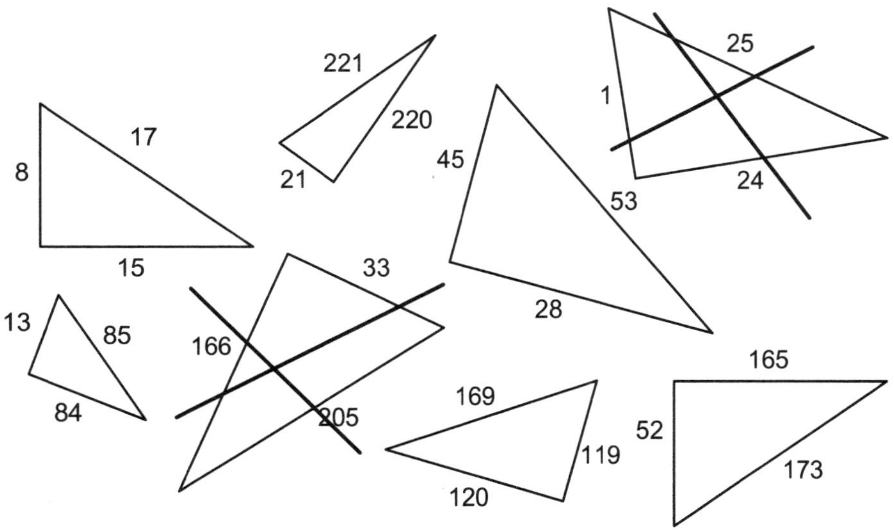

Lösung Nr. 2 — Lernzirkel: Der Satz des Pythagoras — © Aulis Verlag Deubner

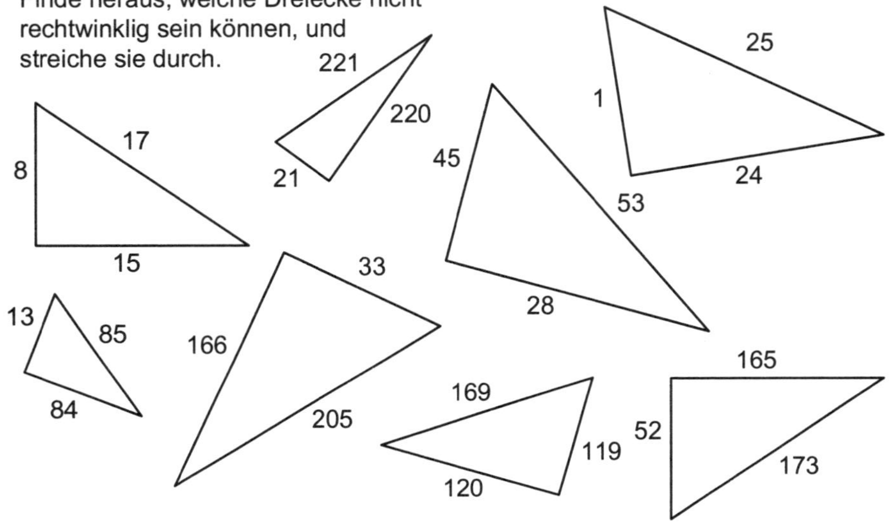

Aufgabe Nr. 1 — Lernzirkel: Der Satz des Pythagoras — © Aulis Verlag Deubner

Finde heraus, welche Dreiecke nicht rechtwinklig sein können, und streiche sie durch.

Lösung Nr. 1 — Lernzirkel: Der Satz des Pythagoras — © Aulis Verlag Deubner

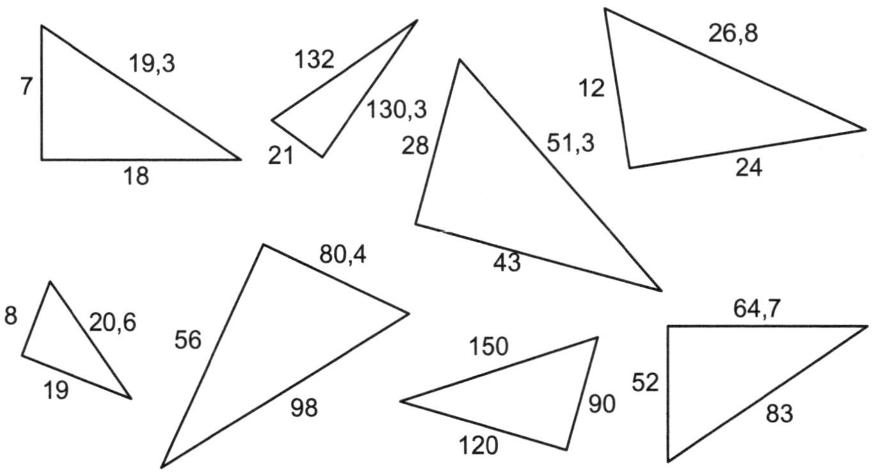

Zwei Rennradfahrer - Jan und Ullrich - treffen sich an der Kreuzung zweier Straßen, die tatsächlich beide - man höre und staune - auf einer Strecke von mindestens 30 km orthogonal aufeinander zulaufen. Als sie starteten, legte sich Jan mit einer Durchschnittsgeschwindigkeit von 40 km/h, Ullrich mit 35 km/h genau 30 Minuten »in die Pedale«. Wie weit waren Jan und Ullrich voneinander entfernt (Luftlinie), als sie starteten?

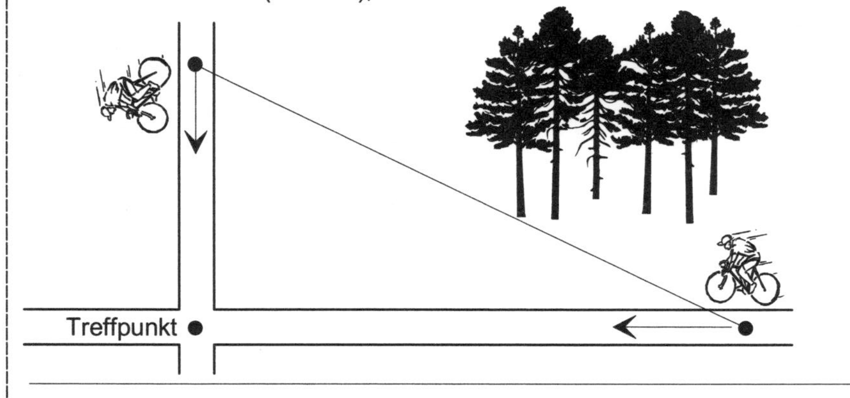

Aufgabe Nr. 3   Lernzirkel: Der Satz des Pythagoras   © Aulis Verlag Deubner

---

Lösung Nr. 3   Lernzirkel: Der Satz des Pythagoras   © Aulis Verlag Deubner

Jan legte in einer halben Stunde 20 km zurück, Ullrich nur 17,5 km.

$$l = \sqrt{20^2 + 17,5^2}$$
$$l = \sqrt{706,25}$$
$$l \approx 26,6$$

Sie waren 26,6 km voneinander entfernt.

Hier siehst du den Querschnitt eines Küstendeiches. Mit ein wenig Nachdenken kannst du die Höhe h und die Länge l der dem Meer zugekehrten Böschung berechnen.

Aufgabe Nr. 4   Lernzirkel: Der Satz des Pythagoras   © Aulis Verlag Deubner

---

Lösung Nr. 4   Lernzirkel: Der Satz des Pythagoras   © Aulis Verlag Deubner

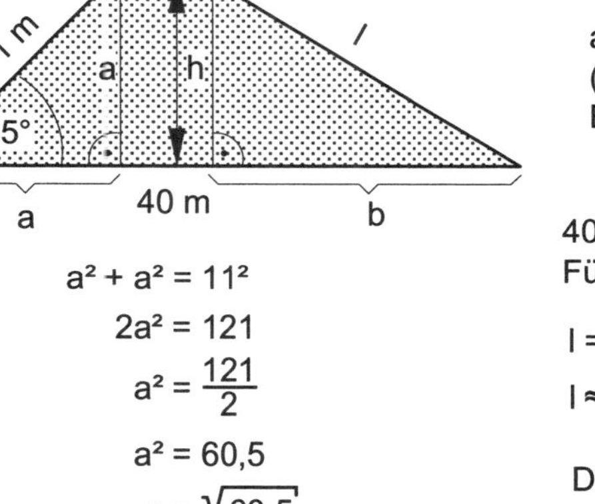

$$a^2 + a^2 = 11^2$$
$$2a^2 = 121$$
$$a^2 = \frac{121}{2}$$
$$a^2 = 60,5$$
$$a = \sqrt{60,5}$$
$$a \approx 7,8$$

Die Höhe h des Deiches beträgt 7,8 m.

a ist genau so lang wie h (gleichschenkliges Dreieck: die Basiswinkel sind 45°)

$$40 - 7,8 - 4 = 28,2$$
Für b bleiben noch 28,2 m

$$l = \sqrt{28,2^2 + 7,8^2}$$
$$l \approx 29,3$$

Die Böschungslänge beträgt 29,3 m

Prof. Dr. Brian Teaser: Karteikarten zum Ausschneiden

Aufgabe Nr. 6

Zeichne das Dreieck ABC und berechne seinen Umfang: A(2|1), B(9|1), C(2|7).

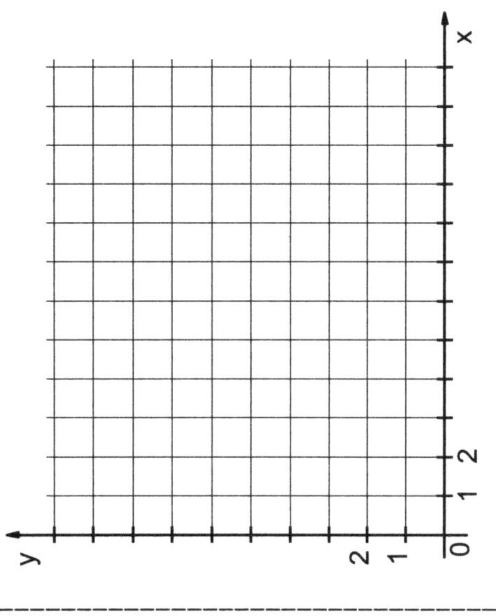

Aufgabe Nr. 6   Lernzirkel: Der Satz des Pythagoras   © Aulis Verlag Deubner

Lösung Nr. 6

$\overline{AB} = 7$ LE   Längeneinheiten

$\overline{AC} = 6$ LE   Längeneinheiten

$\overline{BC} = \sqrt{7^2 + 6^2}$

$\overline{BC} = \sqrt{85}$

$\overline{BC} \approx 9,2$ LE   Längeneinheiten

$u = 6 + 7 + 9,2$

$u = 22,2$ LE   Längeneinheiten

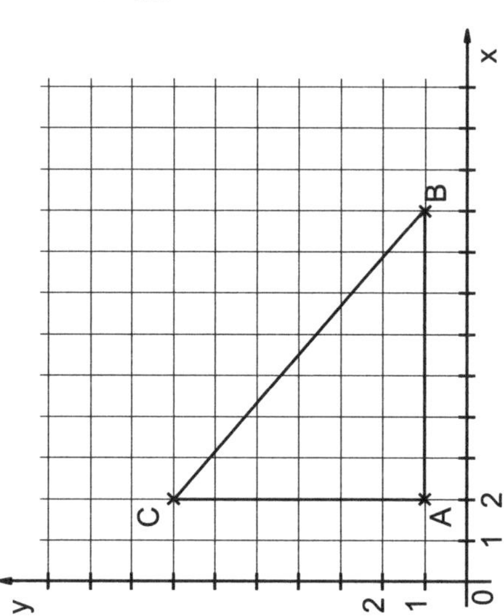

Lösung Nr. 6   Lernzirkel: Der Satz des Pythagoras   © Aulis Verlag Deubner

Aufgabe Nr. 5

Berechne jeweils die Länge der Strecke x.

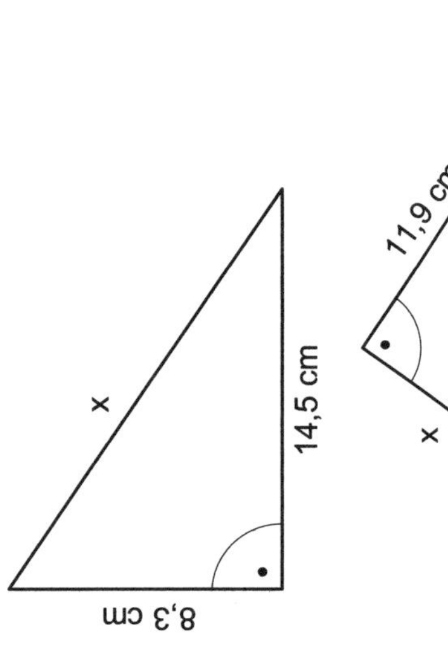

Aufgabe Nr. 5   Lernzirkel: Der Satz des Pythagoras   © Aulis Verlag Deubner

Lösung Nr. 5

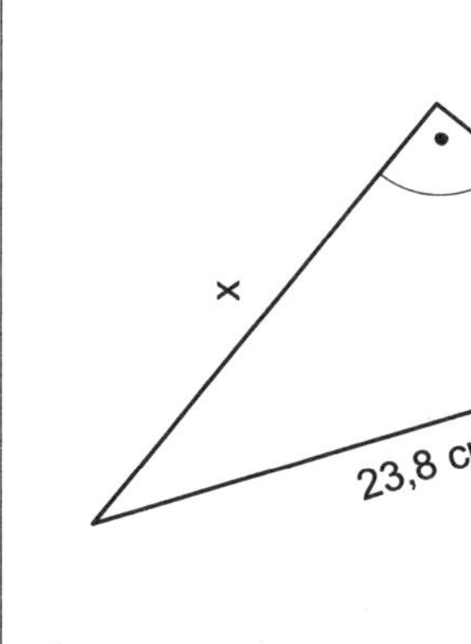

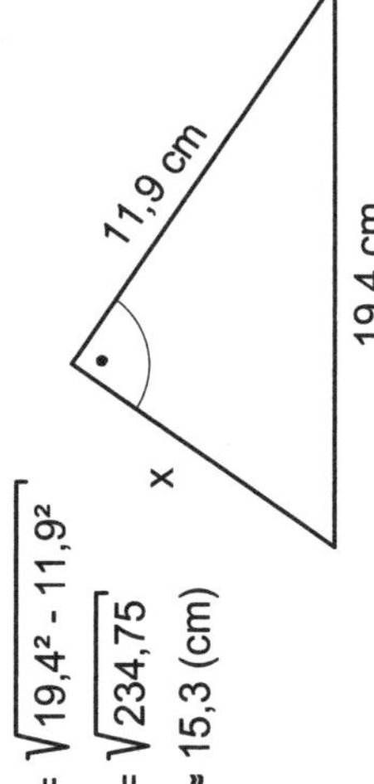

$x = \sqrt{8,3^2 + 14,5^2}$

$x = \sqrt{279,14}$

$x \approx 16,7$ (cm)

$x = \sqrt{23,8^2 - 14,3^2}$

$x = \sqrt{361,95}$

$x \approx 19,0$ (cm)

$x = \sqrt{19,4^2 - 11,9^2}$

$x = \sqrt{234,75}$

$x \approx 15,3$ (cm)

Lösung Nr. 5   Lernzirkel: Der Satz des Pythagoras   © Aulis Verlag Deubner

Prof. Dr. Brian Teaser: Karteikarten zum Ausschneiden

✱✱

Berechne die Entfernung zwischen den beiden Punkten A(−2|−5) und B(5|4).

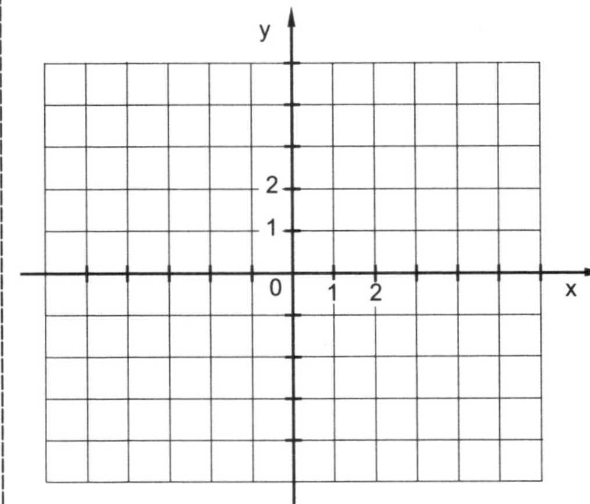

Aufgabe Nr. 7   Lernzirkel: Der Satz des Pythagoras   © Aulis Verlag Deubner

Lösung Nr. 7   Lernzirkel: Der Satz des Pythagoras   © Aulis Verlag Deubner

Die Entfernung zwischen den beiden Punkten A und B ist die Hypotenuse des rechtwinkligen Dreiecks ABC.

$$\overline{AB} = \sqrt{7^2 + 9^2}$$
$$\overline{AB} = \sqrt{130}$$
$$\overline{AB} \approx 11{,}4 \text{ LE} \quad \text{Längeneinheiten}$$

✱✱

Zeichne das Dreieck ABC mit A(−4|−3), B(4|2), C(−2|4) und berechne den Umfang.

Aufgabe Nr. 8   Lernzirkel: Der Satz des Pythagoras   © Aulis Verlag Deubner

Lösung Nr. 8   Lernzirkel: Der Satz des Pythagoras   © Aulis Verlag Deubner

Damit du die Länge der Seiten berechnen kannst, zeichne dir rechtwinklige Dreiecke ein.

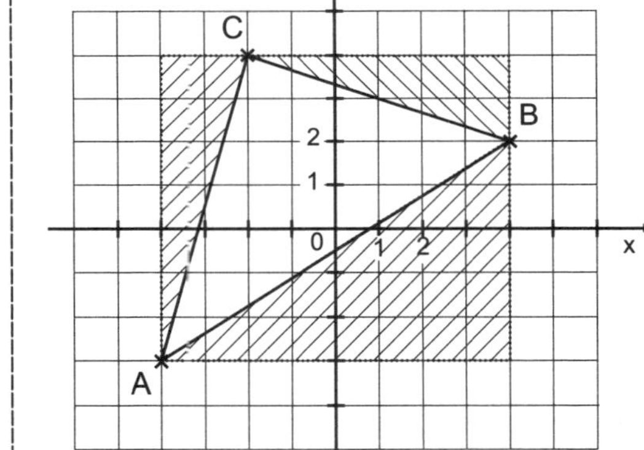

$$\overline{AB} = \sqrt{8^2 + 5^2}$$
$$\overline{AB} = \sqrt{89}$$
$$\overline{AB} \approx 9{,}4 \text{ LE} \quad \text{Längeneinheiten}$$

$$\overline{AC} = \sqrt{7^2 + 2^2}$$
$$\overline{AC} = \sqrt{53}$$
$$\overline{AC} \approx 7{,}3 \text{ LE} \quad \text{Längeneinheitent}$$

$$\overline{BC} = \sqrt{6^2 + 2^2}$$
$$\overline{BC} = \sqrt{40}$$
$$\overline{BC} \approx 6{,}3 \text{ LE} \quad \text{Längeneinheiten}$$

$$u = 6{,}3 + 7{,}3 + 9{,}4$$
$$u = 23{,}0 \text{ LE} \quad \text{Längeneinheiten}$$

Aufgabe Nr. 10

Berechne den Umfang und den Flächeninhalt des abgebildeten Trapezes.

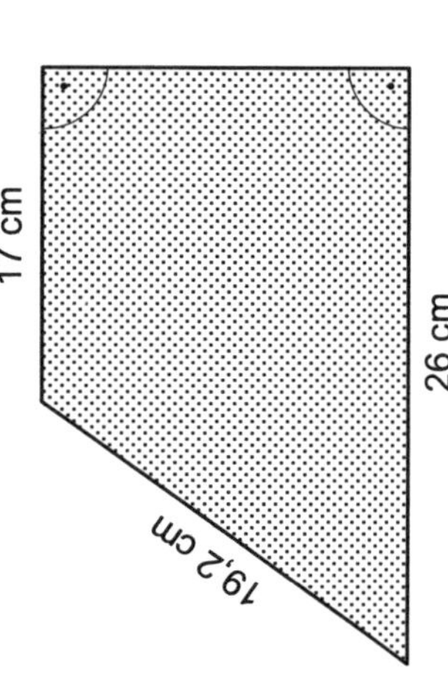

Lernzirkel: Der Satz des Pythagoras   © Aulis Verlag Deubner

Lösung Nr. 10

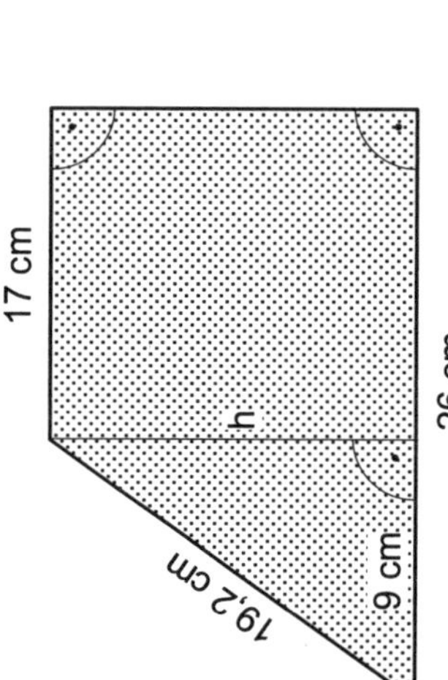

$$h = \sqrt{19{,}2^2 - 9^2}$$
$$h = \sqrt{287{,}64}$$
$$h \approx 17 \ (cm)$$

$$u = 26 + 17 + 17 + 19{,}2$$
$$u = 79{,}2 \ (cm)$$
$$A = [(26 + 17) : 2] \cdot 17$$
$$A \approx 366 \ (cm^2)$$

Lernzirkel: Der Satz des Pythagoras   © Aulis Verlag Deubner

Aufgabe Nr. 9

Alle Punkte sind jeweils 2 cm voneinander entfernt. Zeichne die Dreiecke ADE, LOK und REH und berechne jeweils die Hypotenuse.

```
A ×    B ×    C ×    D ×

E ×    F ×    G ×    H ×

I ×    K ×    L ×    M ×

N ×    O ×    P ×    R ×
```

Lernzirkel: Der Satz des Pythagoras   © Aulis Verlag Deubner

Lösung Nr. 9

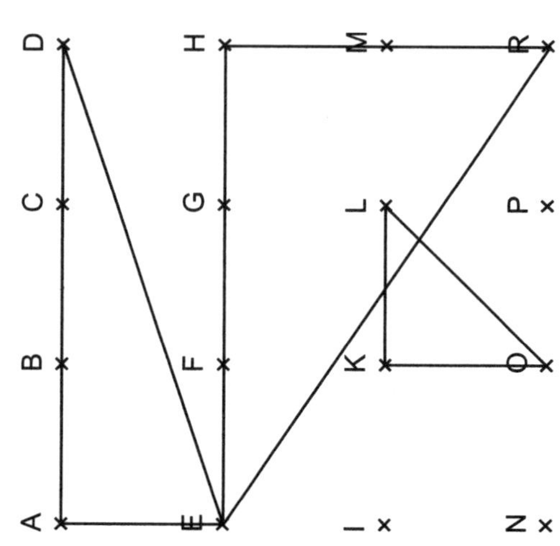

$$\overline{DE} = \sqrt{6^2 + 2^2}$$
$$\overline{DE} = \sqrt{40}$$
$$\overline{DE} \approx 6{,}3 \ (cm)$$

$$\overline{LO} = \sqrt{2^2 + 2^2}$$
$$\overline{LO} = \sqrt{8}$$
$$\overline{LO} \approx 2{,}8 \ (cm)$$

$$\overline{ER} = \sqrt{6^2 + 4^2}$$
$$\overline{ER} = \sqrt{52}$$
$$\overline{ER} \approx 7{,}2 \ (cm)$$

Lernzirkel: Der Satz des Pythagoras   © Aulis Verlag Deubner

Prof. Dr. Brian Teaser: Karteikarten zum Ausschneiden

**

Eine sechseckige Steinfliese hat eine Kantenlänge von 12 cm. Wie groß ist der Abstand h* der parallelen Kanten und wie groß ist der Flächeninhalt?

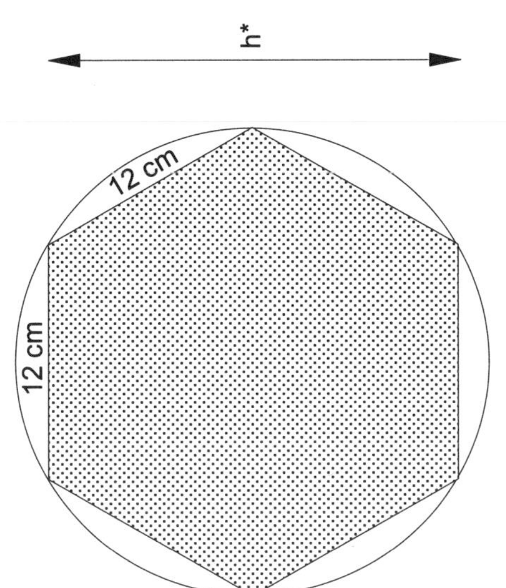

Aufgabe Nr. 12 — Lernzirkel: Der Satz des Pythagoras — © Aulis Verlag Deubner

---

Lösung Nr. 12 — Lernzirkel: Der Satz des Pythagoras — © Aulis Verlag Deubner

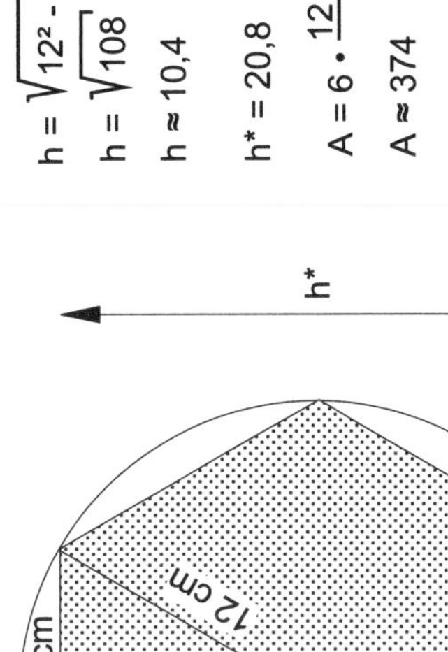

$$h = \sqrt{12^2 - 6^2}$$
$$h = \sqrt{108}$$
$$h \approx 10{,}4$$
$$h^* = 20{,}8$$
$$A = 6 \cdot \frac{12 \cdot 10{,}4}{2}$$
$$A \approx 374$$

Der Abstand beträgt 20,8 cm und der Flächeninhalt beträgt 374 cm².

**

Ein liegender Kreiszylinder von 1,20 m Querschnittsdurchmesser ist mit Wasser gefüllt. Die (rechteckige) Wasseroberfläche ist 0,84 m breit. Wie hoch ist der Zylinder mit Wasser gefüllt?
Achtung: Es gibt zwei Möglichkeiten.

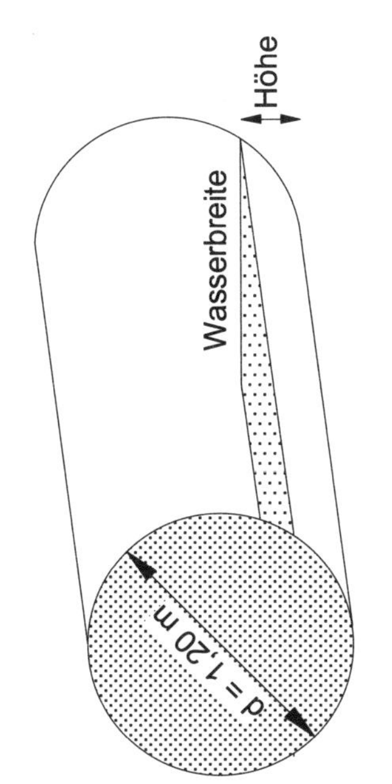

Aufgabe Nr. 11 — Lernzirkel: Der Satz des Pythagoras — © Aulis Verlag Deubner

---

Lösung Nr. 11 — Lernzirkel: Der Satz des Pythagoras — © Aulis Verlag Deubner

$$h = \sqrt{60^2 - 42^2}$$
$$h = \sqrt{1836}$$
$$h \approx 42{,}8$$

Das Wasser steht entweder 17,2 cm (60 cm − 42,8 cm) oder 102,8 cm (60 cm + 42,8 cm) hoch im Wassertank.

1. Möglichkeit

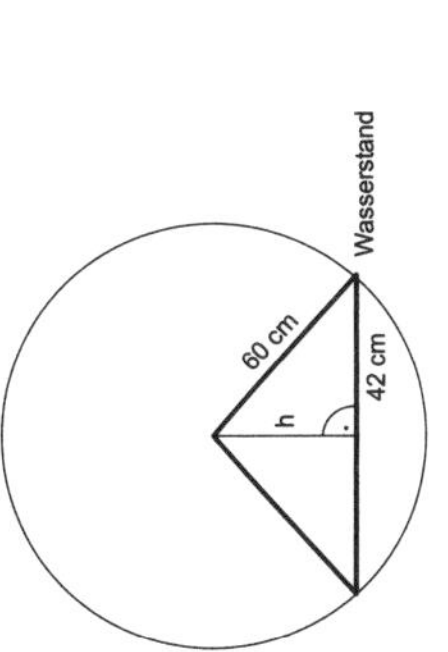

2. Möglichkeit

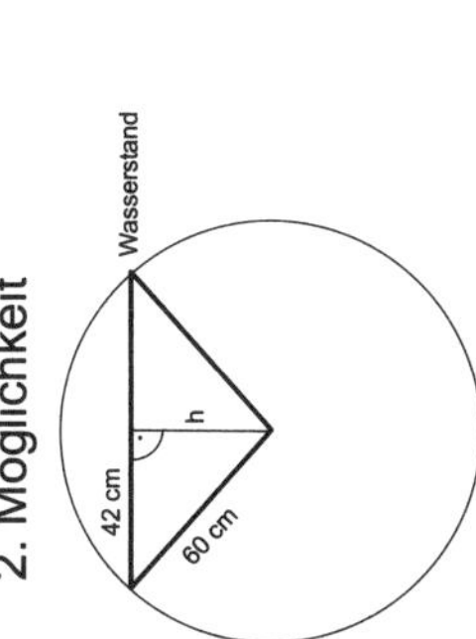

Der Flachbogen einer Fensteröffnung soll eine Spannweite s von 1,40 m und eine Pfeilhöhe h von 12 cm haben. Wie muss der Handwerker Raffnix den Radius r des Bogens wählen?

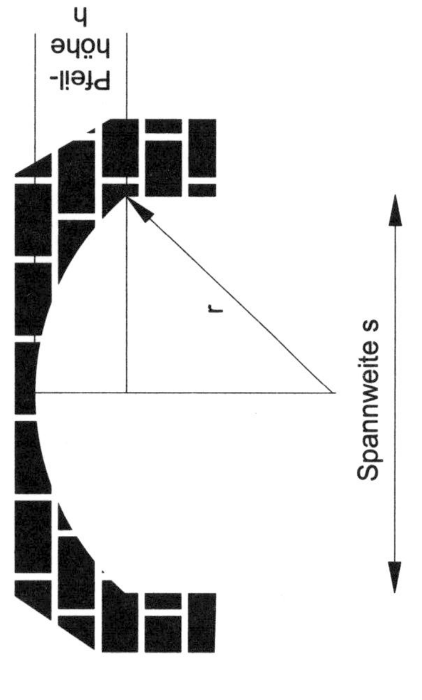

Aufgabe Nr. 14   Lernzirkel: Der Satz des Pythagoras   © Aulis Verlag Deubner

Lösung Nr. 14   Lernzirkel: Der Satz des Pythagoras   © Aulis Verlag Deubner

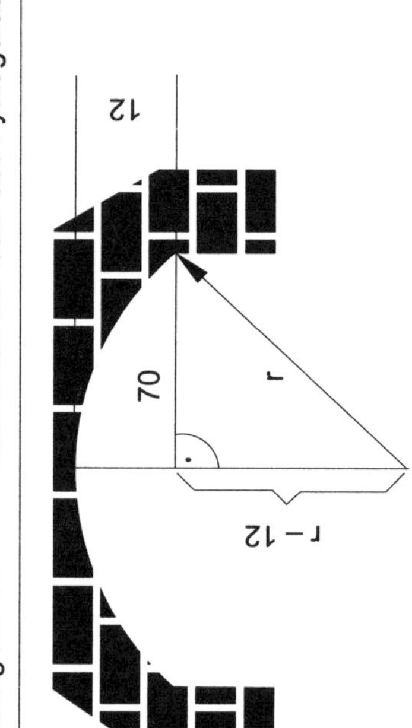

$$(r - 12)^2 + 70^2 = r^2$$
$$r^2 - 24r + 144 + 4900 = r^2$$
$$5044 = 24r$$
$$210{,}2 \approx r$$

Handwerker Raffnix errechnet einen Bogen mit dem Radius von 210 cm.

Zwei Orte A und B haben auf einer Karte im Maßstab 1 : 25 000 eine Entfernung von 7,4 cm. Der Höhenunterschied zwischen den beiden Orte beträgt 280 m.
Xaver Kraxlhuber macht sich mit seinem Mountainbike auf die schnurgerade Strecke von A nach B. Welchen Weg legt er dabei zurück?

Aufgabe Nr. 13   Lernzirkel: Der Satz des Pythagoras   © Aulis Verlag Deubner

Lösung Nr. 13   Lernzirkel: Der Satz des Pythagoras   © Aulis Verlag Deubner

Wenn die Karte einen Maßstab von 1 : 25 000 hat, dann ist 1 cm auf der Karte 25 000 cm = 250 m in Wirklichkeit.
250 · 7,4 = 1850 m

$$e = \sqrt{1850^2 + 280^2}$$
$$e = \sqrt{3500900}$$
$$e \approx 1871{,}07$$

Xaver Kraxlhuber legt einen Weg von 1871 m zurück.

Prof. Dr. Brian Teaser: Karteikarten zum Ausschneiden

******

Die Kronenbreite eines Dammes misst 7,60 m, die Sohlenbreite 20 m und die Höhe 4,80 m. Die Böschungsneigung ist auf beiden Seiten gleich groß. Wie lang ist die Böschung?

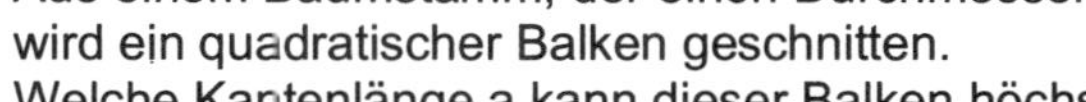

Aufgabe Nr. 15 — Lernzirkel: Der Satz des Pythagoras — © Aulis Verlag Deubner

---

****

Aus einem Baumstamm, der einen Durchmesser d von 48 cm hat, wird ein quadratischer Balken geschnitten. Welche Kantenlänge a kann dieser Balken höchstens haben?

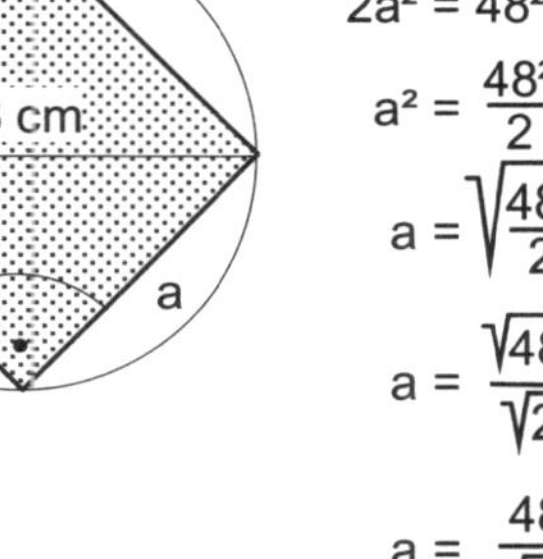

Aufgabe Nr. 16 — Lernzirkel: Der Satz des Pythagoras — © Aulis Verlag Deubner

---

Lösung Nr. 15 — Lernzirkel: Der Satz des Pythagoras — © Aulis Verlag Deubner

$$b = \sqrt{4{,}8^2 + 6{,}2^2}$$
$$b = \sqrt{61{,}48}$$
$$b \approx 7{,}84$$

Die Böschung ist 7,84 m lang.

Lösung Nr. 16 — Lernzirkel: Der Satz des Pythagoras — © Aulis Verlag Deubner

$$a^2 + a^2 = 48^2$$
$$2a^2 = 48^2$$
$$a^2 = \frac{48^2}{2}$$
$$a = \sqrt{\frac{48^2}{2}}$$
$$a = \frac{\sqrt{48^2}}{\sqrt{2}}$$
$$a = \frac{48}{\sqrt{2}}$$
$$a \approx 33{,}94$$

Der Balken hat eine Kantenlänge von 33,9 cm.

Merke dir die folgende Formel:
Ist in einem Quadrat die Diagonale e gegeben, so erhältst du die Länge der Seite a, indem du die Länge der Diagonalen durch $\sqrt{2}$ dividierst:

$$a = \frac{e}{\sqrt{2}}$$

*

Aus einem Baumstamm wird ein Balken mit rechteckigem Querschnitt (20 cm x 35 cm) gesägt. Welchen Durchmesser hatte der Baumstamm an seiner dünnsten Stelle?

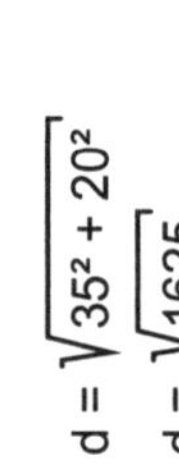

Aufgabe Nr. 18   Lernzirkel: Der Satz des Pythagoras   © Aulis Verlag Deubner

---

Lösung Nr. 18   Lernzirkel: Der Satz des Pythagoras   © Aulis Verlag Deubner

$$d = \sqrt{35^2 + 20^2}$$
$$d = \sqrt{1625}$$
$$d \approx 40,3$$

An seiner dünnsten Stelle hatte der Baum einen Durchmesser von 40,3 cm.

**

Eine geradlinige Eisenbahnstrecke von 4600 m Länge steigt gleichmäßig an und überwindet dabei einen Höhenunterschied von 225 m. Wie lang ist diese Strecke auf einer Karte im Maßstab 1 : 100 000 dargestellt?

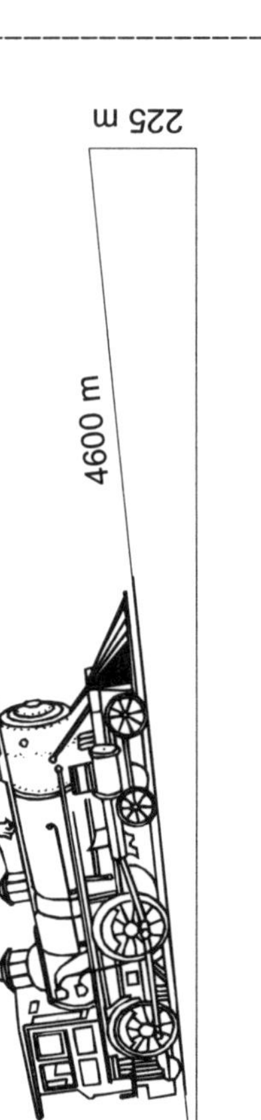

Aufgabe Nr. 17   Lernzirkel: Der Satz des Pythagoras   © Aulis Verlag Deubner

---

Lösung Nr. 17   Lernzirkel: Der Satz des Pythagoras   © Aulis Verlag Deubner

$$e = \sqrt{4600^2 - 225^2}$$
$$e = \sqrt{21109375}$$
$$e \approx 4594,49$$

Maßstab 1 : 100 000 heißt, dass 100 000 cm in Wirklichkeit 1 cm auf der Karte sind. 459 400 cm sind dann auf der Karte 4,59 cm.

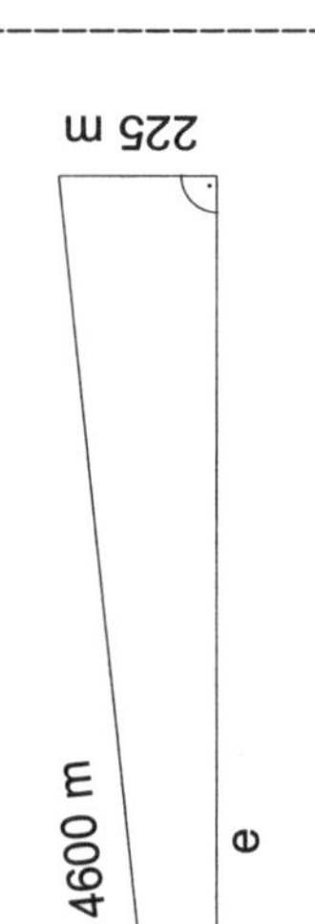

Aufgabe Nr. 20

** *** *

Ein gleichseitiges Dreieck hat einen Flächeninhalt A = 15,3 cm². Berechne die Länge der Seiten.

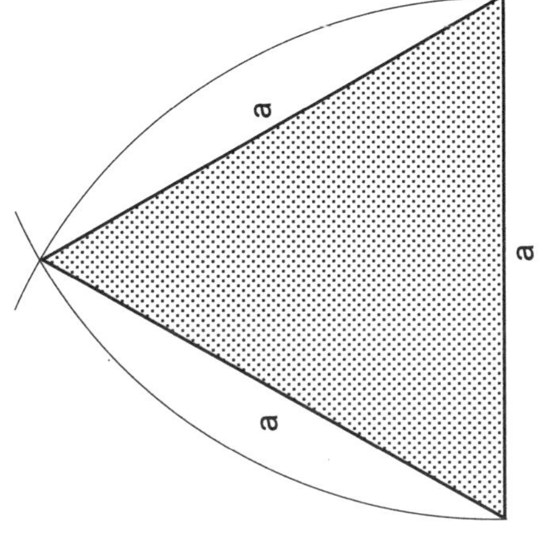

Aufgabe Nr. 20   Lernzirkel: Der Satz des Pythagoras   © Aulis Verlag Deubner

Lösung Nr. 20

Lösung Nr. 20   Lernzirkel: Der Satz des Pythagoras   © Aulis Verlag Deubner

Du brauchst diese Formel: $A = \dfrac{a \cdot h}{2}$

Du weißt aber nicht, wie groß a bzw h ist.

Nach Satz des Pythagoras ist

$$h = \sqrt{a^2 - \left(\frac{a}{2}\right)^2}$$

$$h = \sqrt{a^2 - \frac{a^2}{4}} \qquad \textit{Bruchrechnung}$$

$$h = \sqrt{\frac{3a^2}{4}}$$

$$h = \frac{a}{2}\sqrt{3} \qquad \textit{Wurzelgesetze}$$

Setze für h ein:

$$A = \frac{a \cdot \frac{a}{2}\sqrt{3}}{2}$$

$$A = \frac{a^2 \cdot \sqrt{3}}{4}$$

Forme nach a um:

$$a = \sqrt{\frac{4 \cdot A}{\sqrt{3}}}$$

$$a = \sqrt{\frac{4 \cdot 15,3}{\sqrt{3}}}$$

$$a \approx 5,94 \ (cm)$$

Aufgabe Nr. 19

**

Eine Seilbahn steigt gleichmäßig an und überwindet dabei einen Höhenunterschied von 650 m. Das Seil ist 1150 m lang. Wie lang ist diese Strecke auf einer Karte im Maßstab 1 : 20 000 eingezeichnet?

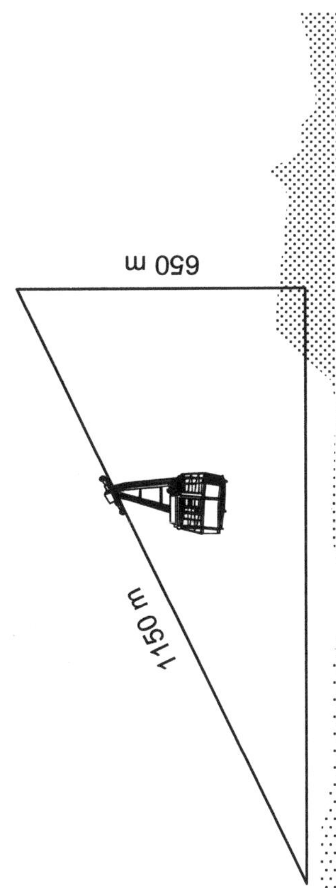

Aufgabe Nr. 19   Lernzirkel: Der Satz des Pythagoras   © Aulis Verlag Deubner

Lösung Nr. 19

Lösung Nr. 19   Lernzirkel: Der Satz des Pythagoras   © Aulis Verlag Deubner

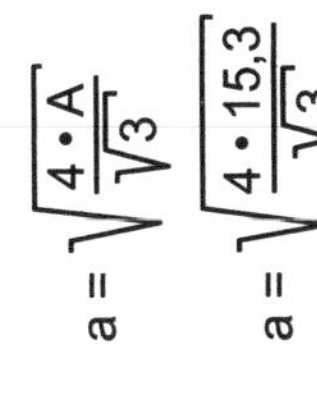

$$e = \sqrt{1150^2 - 650^2}$$

$$e = \sqrt{900000}$$

$$e \approx 948,68$$

Maßstab 1 : 20 000 heißt, dass 20 000 cm in Wirklichkeit 1 cm auf der Karte sind. 949 m sind dann auf der Karte 4,74 cm.

Aufgabe Nr. 22

Für den Bau eines Daches werden Balken benötigt.
Wie lang muss der Dachdecker Roofkaputt die Balken wählen?

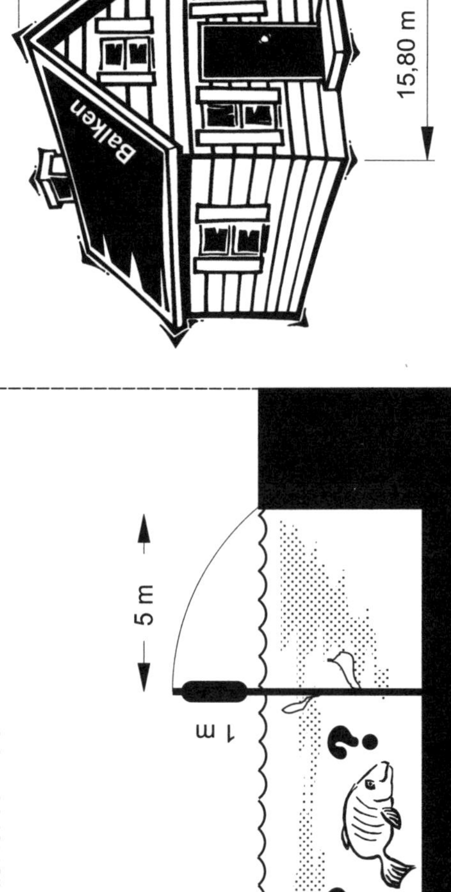

Lösung Nr. 22

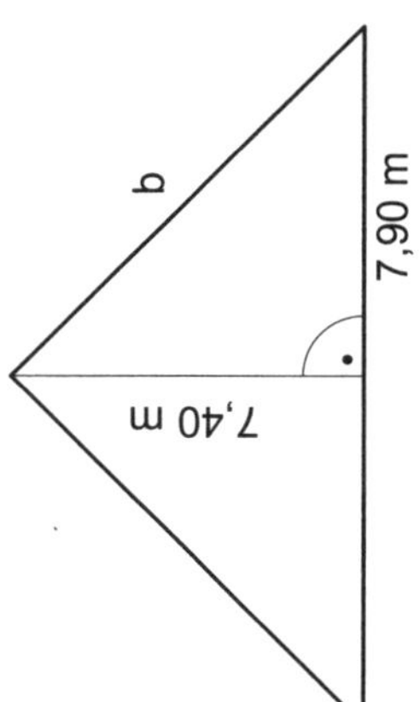

$$b = \sqrt{7,9^2 + 7,4^2}$$
$$b = \sqrt{117,17}$$
$$b \approx 10,8$$

Die Balken müssen 10,8 m lang gewählt werden.

Aufgabe Nr. 21

Ein Schilfrohr ragt 5 m vom Ufer eines Teiches entfernt einen Meter über
die Wasseroberfläche empor. Zieht man die Spitze ans Ufer, so berührt
sie gerade den Wasserspiegel. Wie tief ist der Teich?

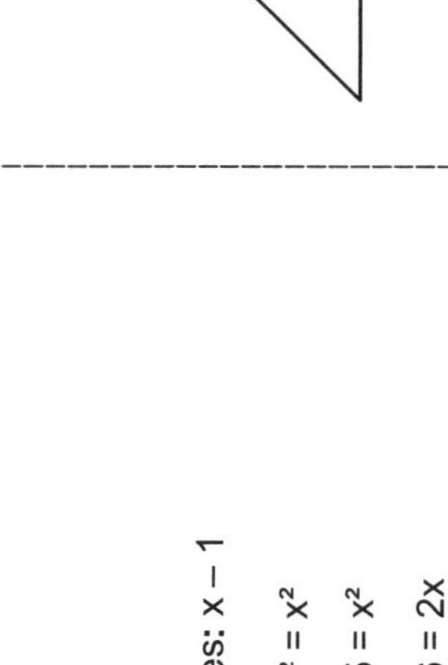

Lösung Nr. 21

Tiefe des Teiches: $x - 1$

$$(x - 1)^2 + 5^2 = x^2$$
$$x^2 - 2x + 1 + 25 = x^2$$
$$26 = 2x$$
$$13 = x$$

Der Teich ist 12 m tief.

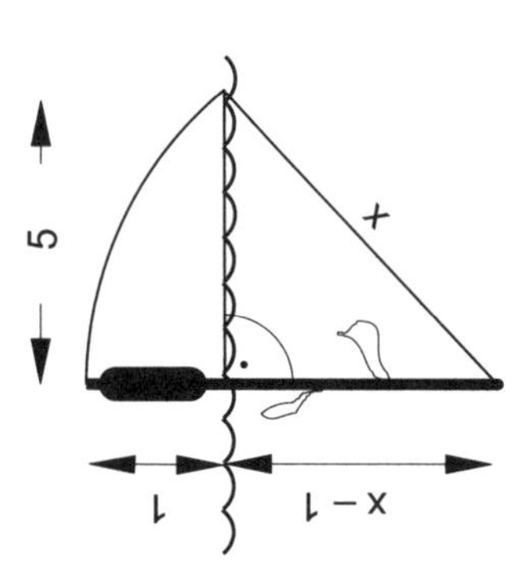

Prof. Dr. Brian Teaser: Karteikarten zum Ausschneiden

✴︎

Bauer Ploughnix möchte eine Ackerfläche in Form eines gleichschenkligen Trapezes kaufen. Was muss er bezahlen, wenn 1 a (100 m²) Ackerland 22,60 € kostet?

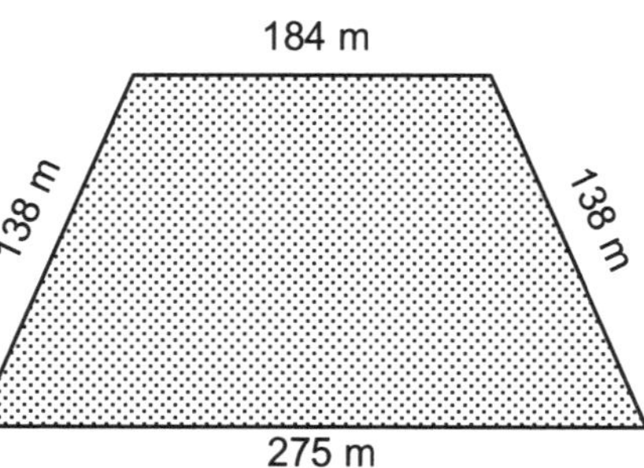

Aufgabe Nr. 23   Lernzirkel: Der Satz des Pythagoras   © Aulis Verlag Deubner

---

Lösung Nr. 23   Lernzirkel: Der Satz des Pythagoras   © Aulis Verlag Deubner

Für die Berechnung des Flächeninhalts brauchst du die Höhe h.

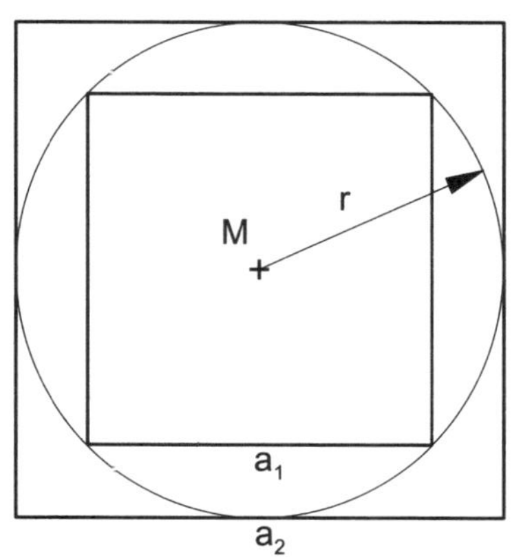

$$h = \sqrt{138^2 - 45{,}5^2}$$
$$h = \sqrt{16973{,}75}$$
$$h \approx 130{,}3 \ (m)$$

$$A = \frac{275 + 184}{2} \cdot 130{,}3$$

$$A = 29903{,}85 \ (m^2)$$

$$A \approx 299 \ (a)$$

Preis des Ackers:

$299 \cdot 22{,}60 = 6757{,}4$

Bauer Ploughnix muss 6757,40 € aufbringen.

✴︎

In und um einen Kreis mit 36 cm Radius ist ein Quadrat gezeichnet. Wie lang sind jeweils die Quadratseiten?
Hinweis: Für das *umschriebene* Quadrat ist die Sache einfach.

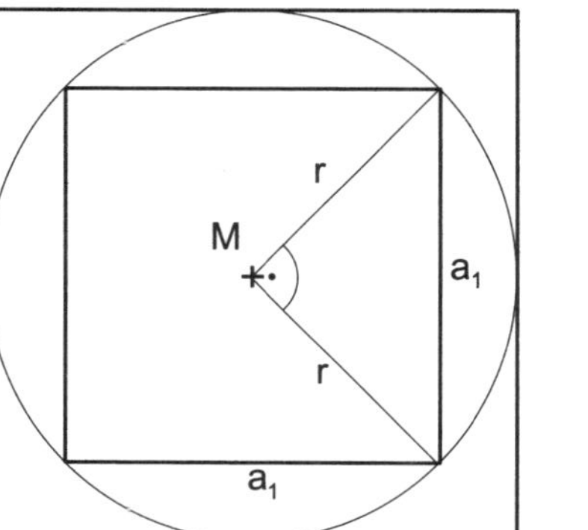

Aufgabe Nr. 24   Lernzirkel: Der Satz des Pythagoras   © Aulis Verlag Deubner

---

Lösung Nr. 24   Lernzirkel: Der Satz des Pythagoras   © Aulis Verlag Deubner

Es dürfte dir klar wie Kloßbrühe sein, dass a_2 genau 72 cm lang ist.

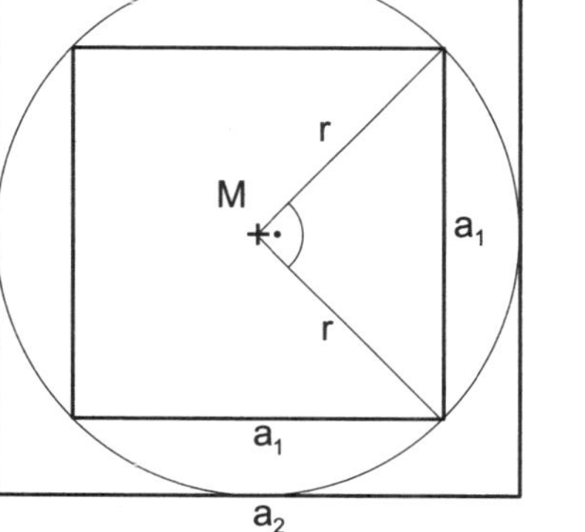

$$r^2 + r^2 = a_1{}^2$$
$$2 \cdot r^2 = a_1{}^2$$
$$\sqrt{2 \cdot r^2} = a_1$$
$$r \cdot \sqrt{2} = a_1$$
$$36 \cdot \sqrt{2} = a_1$$
$$50{,}9 \approx a_1$$

Die Quadratseiten sind 50,9 cm und 72 cm lang.

Aufgabe Nr. 26

Ein Fesselballon ist an einem 300 m langen, lotrecht stehenden Seil befestigt. Durch starken Wind wird er 50 m weit abgetrieben. In welcher Höhe befindet er sich jetzt?

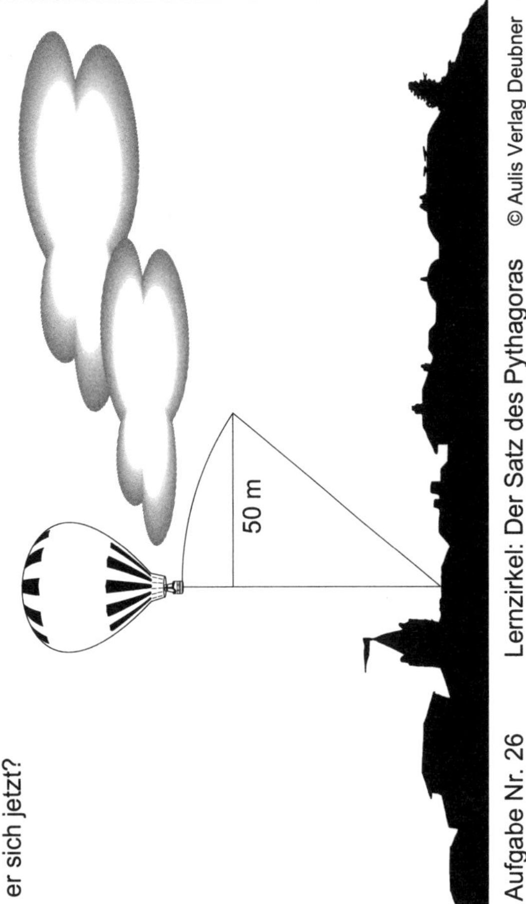

Lösung Nr. 26

$$h = \sqrt{300^2 - 50^2}$$
$$h = \sqrt{87500}$$
$$h \approx 295,8$$

Der Ballon befindet sich in einer Höhe von 296 m.

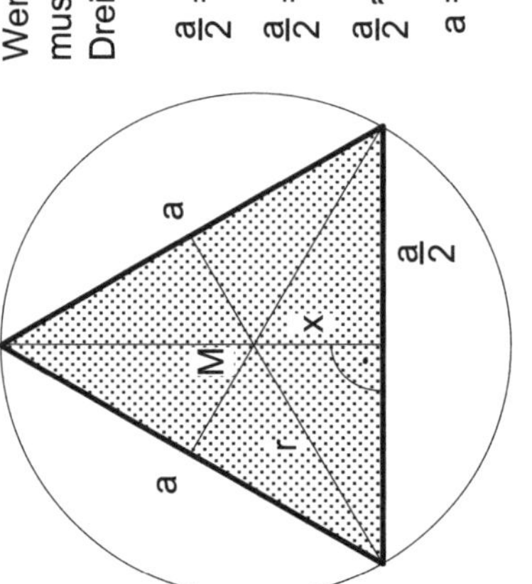

Aufgabe Nr. 25

Berechne die gekennzeichnete Fläche, wenn r = 12 cm beträgt.
Tipp: Die Seitenhalbierenden eines Dreiecks schneiden sich im Verhältnis 1 : 2.

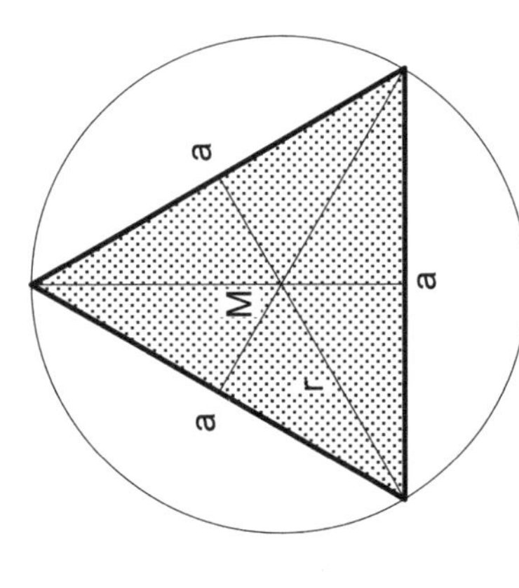

Lösung Nr. 25

Wenn der Radius 12 cm beträgt, dann muss die Höhe h des gleichseitigen Dreiecks 18 cm betragen und x = 6 cm.

$$\frac{a}{2} = \sqrt{12^2 - 6^2}$$
$$\frac{a}{2} = \sqrt{108}$$
$$\frac{a}{2} \approx 10,4 \ (cm)$$
$$a = 20,8 \ (cm)$$

$$A = \frac{a \cdot h_a}{2}$$
$$A = \frac{20,8 \cdot 18}{2}$$
$$A \approx 187 \ (cm^2)$$

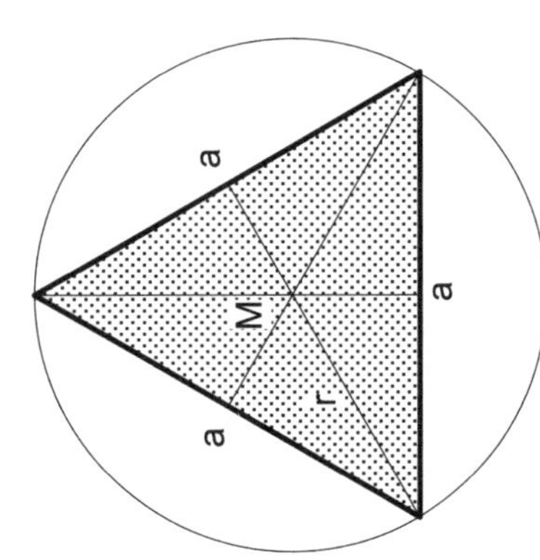

Prof. Dr. Brian Teaser: Karteikarten zum Ausschneiden

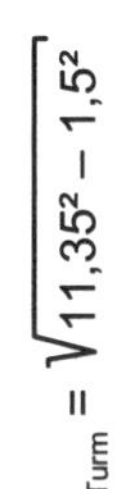

»Rapple McUnzel, Rapple McUnzel, lasse dein Haar herunter«, schrie Ritter Kuniberti, »ich will mir eine Peitsche flechten!«
Aber Rapple McUnzel dachte nicht daran, Kuniberti auch nur eines ihrer langen Haare zu opfern. Also legte der Ritter eine 11,35 m lange Leiter an den Turm. Wenn er diese Leiter exakt 1,50 m vom Turm aufstellte, reichte sie genau bis zur oberen Kante.
Wie hoch ist der Turm?

Aufgabe Nr. 28 | Lernzirkel: Der Satz des Pythagoras | © Aulis Verlag Deubner

Lösung Nr. 28 | Lernzirkel: Der Satz des Pythagoras | © Aulis Verlag Deubner

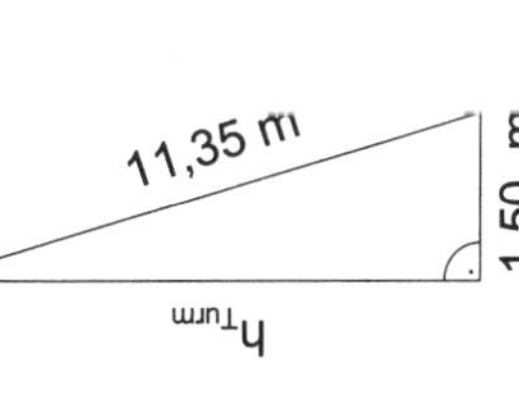

$$h_{Turm} = \sqrt{11,35^2 - 1,5^2}$$
$$h_{Turm} = \sqrt{126,5725}$$
$$h_{Turm} \approx 11,25$$

Die Höhe des Turms beträgt 11,25 m.

In einen Kreis mit 10 cm Radius soll ein Rechteck mit 15 cm Länge gezeichnet werden. Wie breit wird dieses Rechteck?

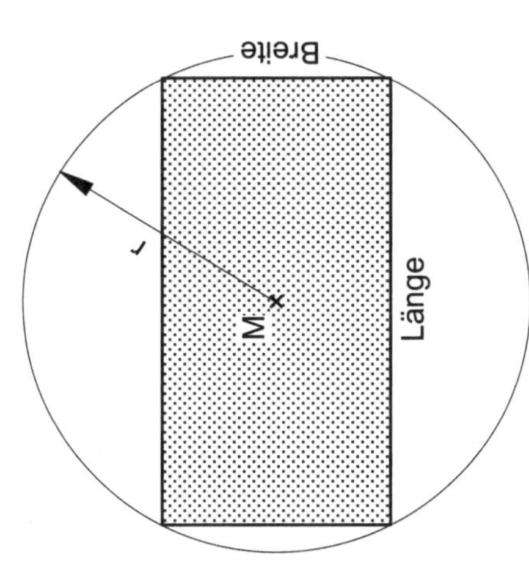

Aufgabe Nr. 27 | Lernzirkel: Der Satz des Pythagoras | © Aulis Verlag Deubner

Lösung Nr. 27 | Lernzirkel: Der Satz des Pythagoras | © Aulis Verlag Deubner

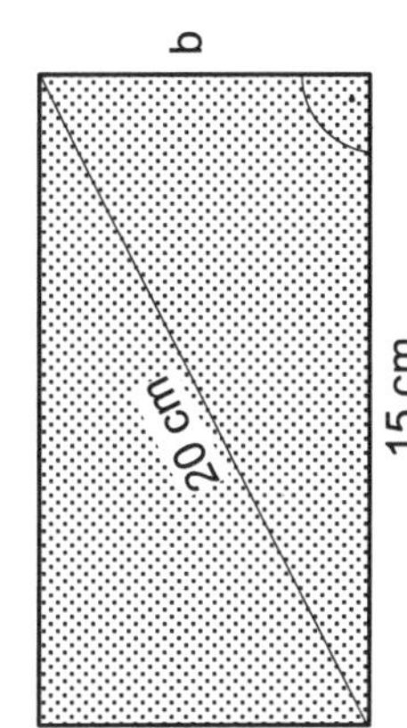

$$b = \sqrt{20^2 - 15^2}$$
$$b = \sqrt{175}$$
$$b \approx 13,2$$

Das Rechteck wird 13,2 cm breit.

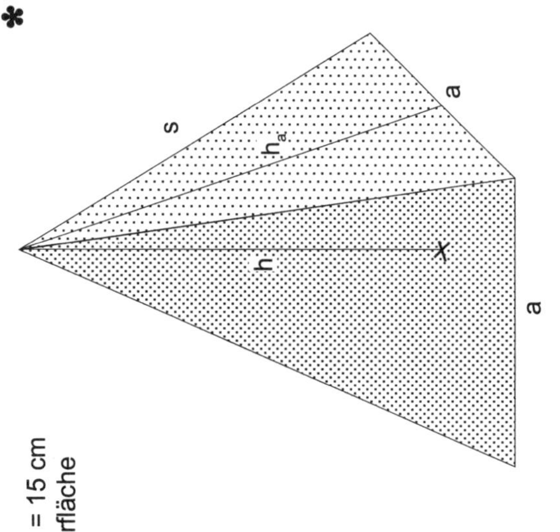

Berechne aus a = 12 cm und h = 15 cm die Kantenlänge s und die Oberfläche der quadratischen Pyramide.

Aufgabe Nr. 30   Lernzirkel: Der Satz des Pythagoras   © Aulis Verlag Deubner

Lösung Nr. 30   Lernzirkel: Der Satz des Pythagoras   © Aulis Verlag Deubner

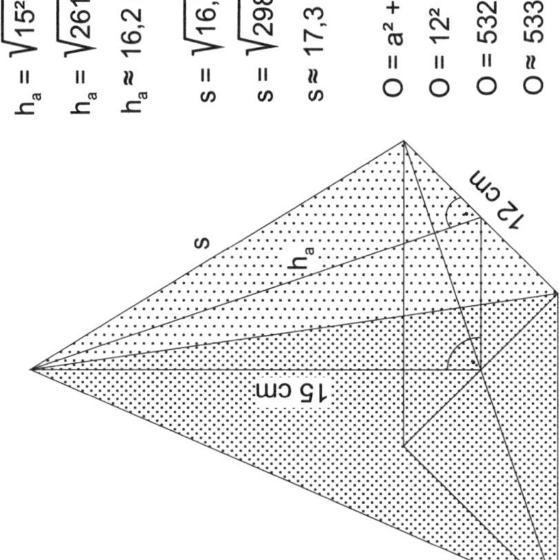

$$h_a = \sqrt{15^2 + 6^2}$$
$$h_a = \sqrt{261}$$
$$h_a \approx 16,2 \ (\text{cm})$$

$$s = \sqrt{16,2^2 + 6^2}$$
$$s = \sqrt{298,44}$$
$$s \approx 17,3 \ (\text{cm})$$

$$O = a^2 + 2 \cdot a \cdot h_a$$
$$O = 12^2 + 2 \cdot 12 \cdot 16,2$$
$$O = 532,8$$
$$O \approx 533 \ (\text{cm}^2)$$

Zeichne in das Koordinatensystem die Fläche, deren Eckpunkte die angegebenen Koordinaten haben, und berechne den Umfang dieser Fläche: A(−3|−3), B(6|−4), C(2|5), D(−5|2).

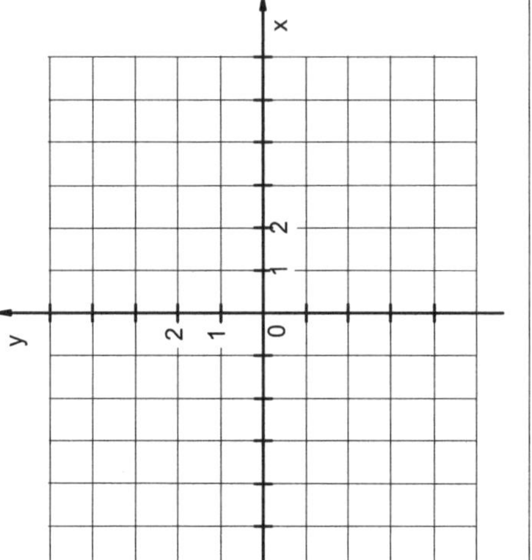

Aufgabe Nr. 29   Lernzirkel: Der Satz des Pythagoras   © Aulis Verlag Deubner

Lösung Nr. 29   Lernzirkel: Der Satz des Pythagoras   © Aulis Verlag Deubner

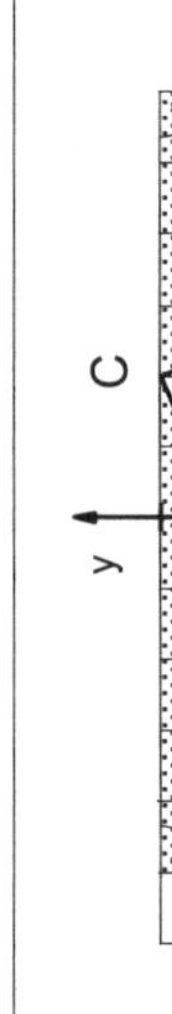
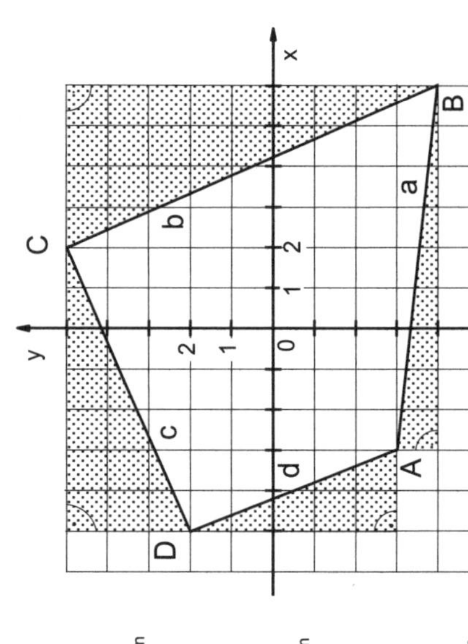

$$a = \sqrt{9^2 + 1^2}$$
$$a = \sqrt{82}$$
$$a \approx 9,1 \ \text{LE} \quad \text{Längeneinheiten}$$

$$b = \sqrt{9^2 + 4^2}$$
$$b = \sqrt{97}$$
$$b \approx 9,8 \ \text{LE} \quad \text{Längeneinheiten}$$

$$c = \sqrt{7^2 + 3^2}$$
$$c = \sqrt{58}$$
$$c \approx 7,6 \ \text{LE} \quad \text{Längeneinheiten}$$

$$d = \sqrt{5^2 + 2^2}$$
$$d = \sqrt{29}$$
$$d \approx 5,4 \ \text{LE} \quad \text{Längeneinheiten}$$

$$u = a + b + c + d$$
$$u = 9,1 + 9,8 + 7,6 + 5,4$$
$$u = 31,9 \ \text{LE} \quad \text{Längeneinheiten}$$

Prof. Dr. Brian Teaser: Karteikarten zum Ausschneiden

***

Wie groß ist der Flächeninhalt des regelmäßigen Achtecks, das einem Kreis mit dem Radius r = 5 cm einbeschrieben ist? Rechne geschickt.

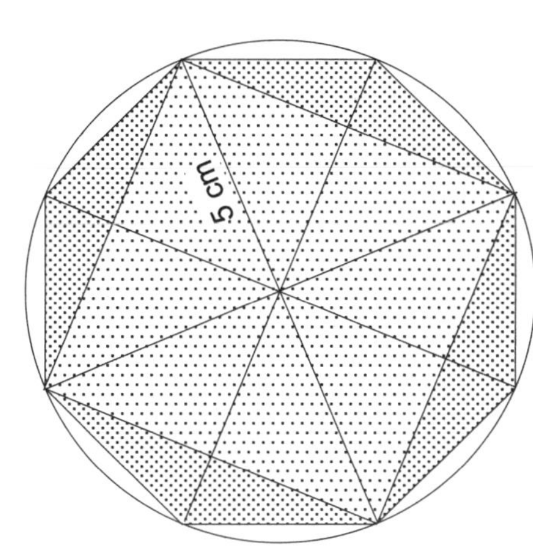

Aufgabe Nr. 32 — Lernzirkel: Der Satz des Pythagoras   © Aulis Verlag Deubner

---

Lösung Nr. 32 — Lernzirkel: Der Satz des Pythagoras   © Aulis Verlag Deubner

Berechne zunächst die Seitenlänge a des einbeschriebenen Quadrats:

$$a = \sqrt{5^2 + 5^2}$$
$$a = \sqrt{50}$$
$$a \approx 7{,}1 \ (\text{cm})$$

Keiner kann dich hindern, alternativ die Formel $a = 5 \cdot \sqrt{2}$ anzuwenden.

Berechne die Höhe h_a des Dreiecks:

$$h_a = (2 \cdot r - a) : 2$$
$$h_a = (2 \cdot 5 - 7{,}1) : 2$$
$$h_a = 1{,}45 \ (\text{cm})$$
$$A = a^2 + 2 \cdot a \cdot h_a$$
$$A = 7{,}1^2 + 2 \cdot 7{,}1 \cdot 1{,}45$$
$$A = 71 \ (\text{cm}^2)$$

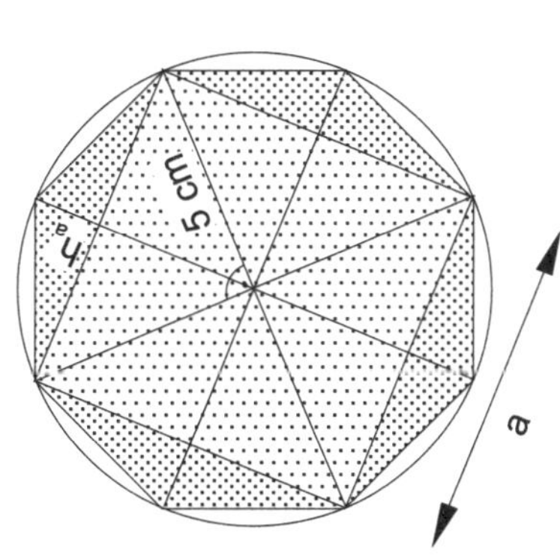

Es geht auch mit der Formel für den Flächeninhalt des Drachens: $A = 4 \cdot [(5 \cdot 7{,}1) : 2]$

---

*

Berechne die Raumdiagonale f in einem Quader mit den Kantenlängen a = 7 cm, b = 5 cm und c = 3 cm.

$$e^2 = a^2 + b^2$$
$$f^2 = e^2 + c^2$$
$$f^2 = a^2 + b^2 + c^2$$

Aufgabe Nr. 31 — Lernzirkel: Der Satz des Pythagoras   © Aulis Verlag Deubner

---

Lösung Nr. 31 — Lernzirkel: Der Satz des Pythagoras   © Aulis Verlag Deubner

$$f = \sqrt{7^2 + 5^2 + 3^2}$$
$$f = \sqrt{83}$$
$$f \approx 9{,}1 \ (\text{cm})$$

Merke: Raumdiagonale $f = \sqrt{a^2 + b^2 + c^2}$

****

Ein Flugzeug fliegt in einer Höhe
h = 1200 m. Berechne die Sichtweite s
des Piloten. Rechne mit einem Erdradius
von 6370 km.

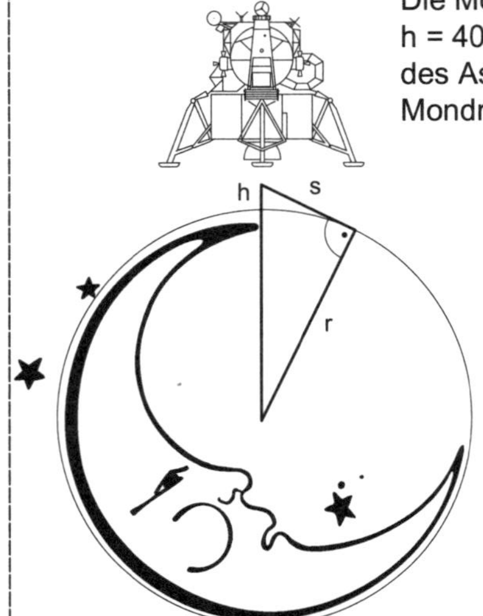

****

Die Mondlandefähre fliegt in einer Höhe
h = 400 m. Berechne die Sichtweite s
des Astronauten. Rechne mit einem
Mondradius von 1738 km.

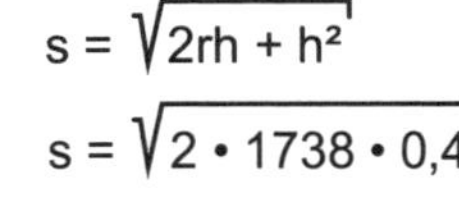

Aufgabe Nr. 33   Lernzirkel: Der Satz des Pythagoras   © Aulis Verlag Deubner

Aufgabe Nr. 34   Lernzirkel: Der Satz des Pythagoras   © Aulis Verlag Deubner

Lösung Nr. 33   Lernzirkel: Der Satz des Pythagoras   © Aulis Verlag Deubner

$$s = \sqrt{(r + h)^2 - r^2}$$
$$s = \sqrt{r^2 + 2rh + h^2 - r^2}$$
$$s = \sqrt{2rh + h^2}$$
$$s = \sqrt{2 \cdot 6370 \cdot 1{,}2 + 1{,}2^2}$$
$$s = \sqrt{15289{,}44}$$
$$s \approx 123{,}65$$

Die Sichtweite beträgt knapp 124 km.

Lösung Nr. 34   Lernzirkel: Der Satz des Pythagoras   © Aulis Verlag Deubner

$$s = \sqrt{(r + h)^2 - r^2}$$
$$s = \sqrt{r^2 + 2rh + h^2 - r^2}$$
$$s = \sqrt{2rh + h^2}$$
$$s = \sqrt{2 \cdot 1738 \cdot 0{,}4 + 0{,}4^2}$$
$$s = \sqrt{1390{,}56}$$
$$s \approx 37{,}29$$

Die Sichtweite beträgt etwas mehr als 37 km.

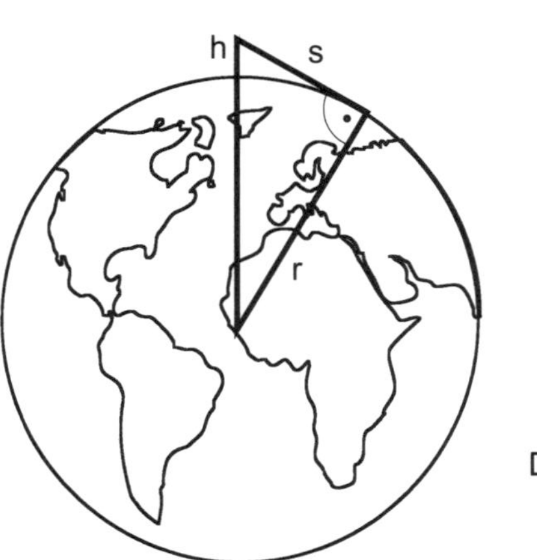

Prof. Dr. Brian Teaser: Karteikarten zum Ausschneiden

*

Xaver Homeismykassler will seine abgeschrägte Mauer mit einer Marmorplatte versehen. Wie lang muss die Platte sein, die er bei MF (Marmor Friedrich) bestellt?

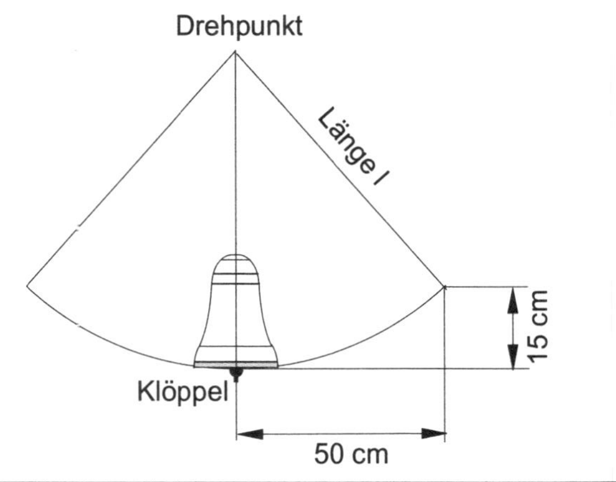

Aufgabe Nr. 35 Lernzirkel: Der Satz des Pythagoras © Aulis Verlag Deubner

---

Lösung Nr. 35 Lernzirkel: Der Satz des Pythagoras © Aulis Verlag Deubner

$$m = \sqrt{2{,}8^2 + 0{,}6^2}$$
$$m = \sqrt{8{,}2}$$
$$m \approx 2{,}86$$

Die Platte muss 2,86 m lang sein.

* * *

Ein Glöckchen schwingt an einem Pendel und hebt sich dabei um 15 cm bei einer Bewegung nach rechts um 50 cm. Wie weit ist der Klöppel der Glocke vom Drehpunkt entfernt?

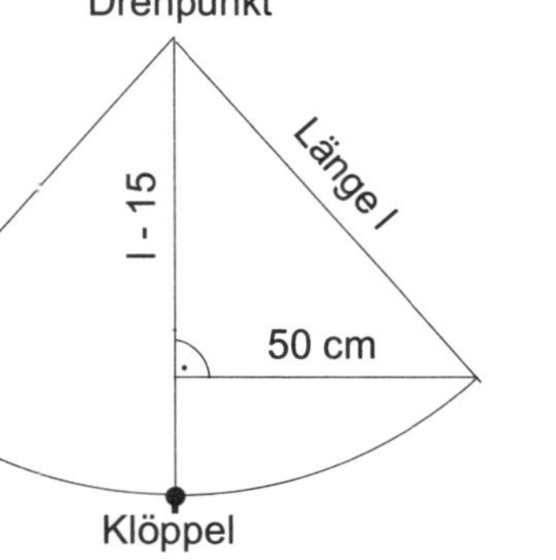

Aufgabe Nr. 36 Lernzirkel: Der Satz des Pythagoras © Aulis Verlag Deubner

---

Lösung Nr. 36 Lernzirkel: Der Satz des Pythagoras © Aulis Verlag Deubner

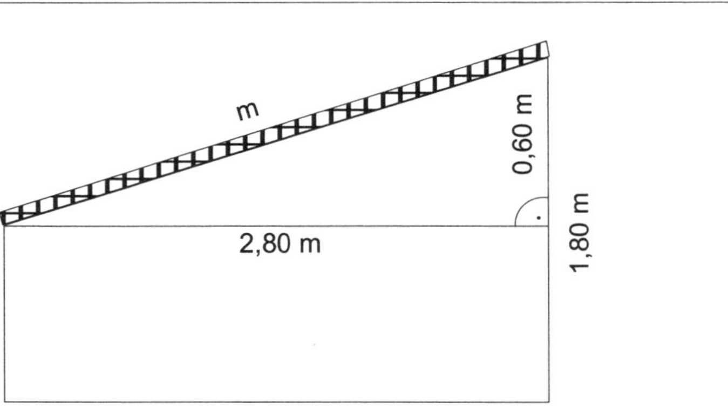

$$l^2 - (l - 15)^2 = 50^2$$
$$l^2 - l^2 + 30l - 225 = 2500$$
$$30l - 225 = 2500$$
$$30l = 2725$$
$$l \approx 90{,}8$$

Der Klöppel ist 90,8 cm vom Drehpunkt entfernt.

Prof. Dr. Brian Teaser: Karteikarten zum Ausschneiden

*

Ein kegelförmiges Dach hat einen Durchmesser d von 7,60 m und eine Dachschräge s von 9,20 m.
Wie hoch ist dieses Dach?

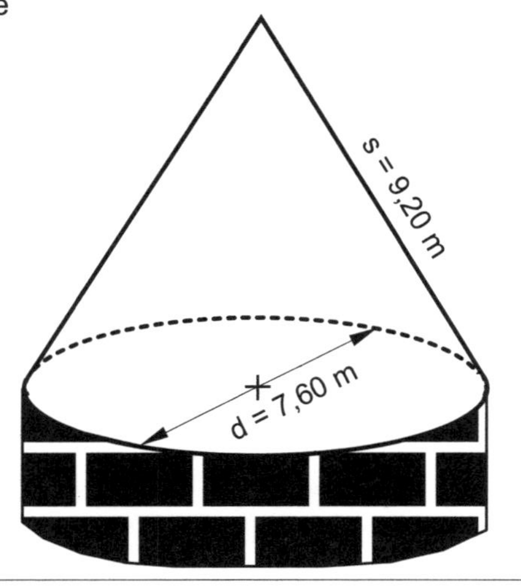

Aufgabe Nr. 37   Lernzirkel: Der Satz des Pythagoras   © Aulis Verlag Deubner

Lösung Nr. 37   Lernzirkel: Der Satz des Pythagoras   © Aulis Verlag Deubner

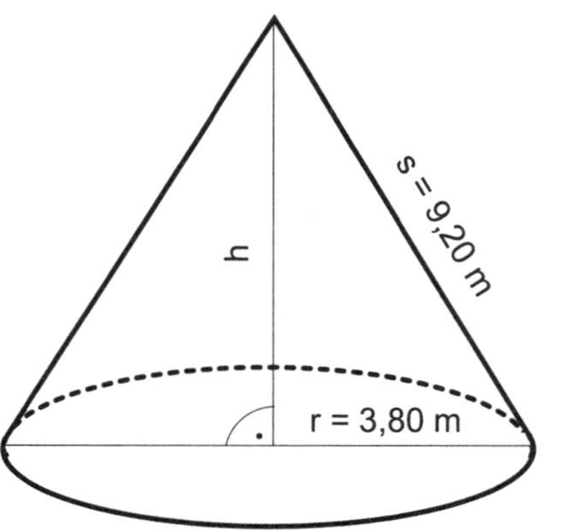

$$h = \sqrt{9{,}2^2 - 3{,}8^2}$$
$$h = \sqrt{70{,}2}$$
$$h \approx 8{,}38$$

Das Dach ist ca. 8,40 m hoch.

*

Der Kunstlehrer Manny Caught möchte ein Bild aufhängen, das 1,20 m breit ist. Die obere Kante des Rahmens soll 34 cm unterhalb des Hakens liegen. Wie lang muss das dünne Drahtseil zur Befestigung des Bildes *mindestens* sein?

Aufgabe Nr. 38   Lernzirkel: Der Satz des Pythagoras   © Aulis Verlag Deubner

Lösung Nr. 38   Lernzirkel: Der Satz des Pythagoras   © Aulis Verlag Deubner

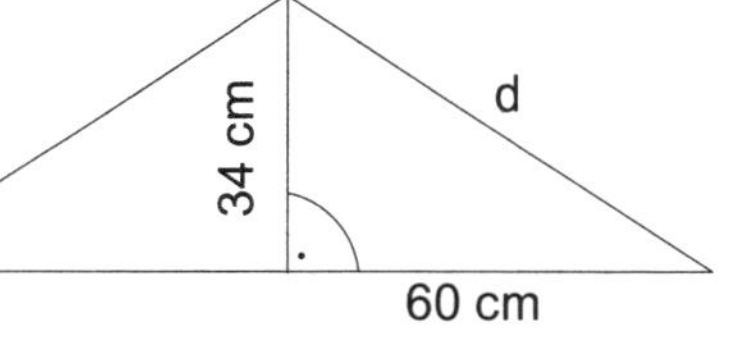

$$d = \sqrt{60^2 + 34^2}$$
$$d = \sqrt{4756}$$
$$d \approx 69{,}0$$

Das Drahtseil muss mindestens 1,38 m lang sein.

Aufgabe Nr. 40 ✱

Taucher Breathnix will einen 92 m breiten Fluss überqueren, kämpft verzweifelt gegen die Strömung und landet schließlich erschöpft am gegenüberliegenden Ufer. Schwimmend und prustend hat er einen Weg von 223 m zurückgelegt. Wie weit wurde er durch die Strömung abgetrieben? Mache dir eine Skizze.

Aufgabe Nr. 40 — Lernzirkel: Der Satz des Pythagoras — © Aulis Verlag Deubner

Lösung Nr. 40

$$w = \sqrt{223^2 - 92^2}$$
$$w = \sqrt{41265}$$
$$w \approx 203,1$$

Er wird knapp 203 m weit abgetrieben.

Lösung Nr. 40 — Lernzirkel: Der Satz des Pythagoras — © Aulis Verlag Deubner

Aufgabe Nr. 39 ✱✱

Bei eventuellen Mastbrüchen bei Segelschiffen muss die Bruchstelle so liegen, dass die Mastspitze wenig Schaden anrichtet und höchstens in einem Umkreis von 2,20 m fällt. In welcher Höhe ist die »Sollbruchstelle« des Mastes?

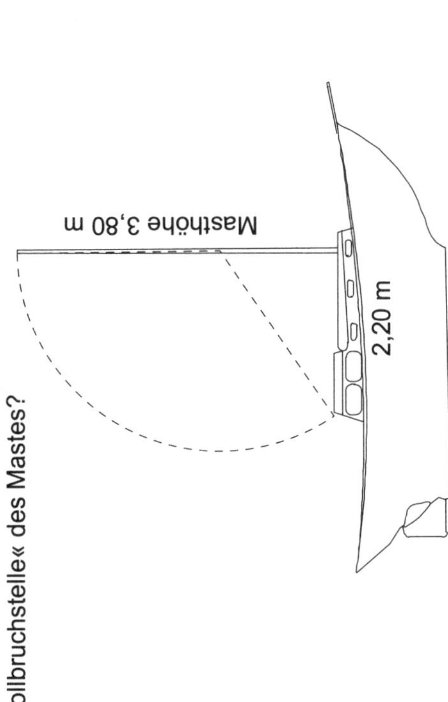

Aufgabe Nr. 39 — Lernzirkel: Der Satz des Pythagoras — © Aulis Verlag Deubner

Lösung Nr. 39

$$(3,80 - x)^2 - x^2 = 2,20^2$$
$$14,44 - 7,6x + x^2 - x^2 = 4,84$$
$$14,44 - 7,6x = 4,84$$
$$-7,6x = -9,6$$
$$x \approx 1,26$$

Die Sollbruchstelle liegt in einer Höhe von 1,26 m.

Lösung Nr. 39 — Lernzirkel: Der Satz des Pythagoras — © Aulis Verlag Deubner

Prof. Dr. Brian Teaser: Karteikarten zum Ausschneiden

Ein Oktaeder wird von acht gleichseitigen Dreiecken begrenzt. Alle Kanten sind 6 cm lang. Berechne die Oberfläche des Oktaeders.

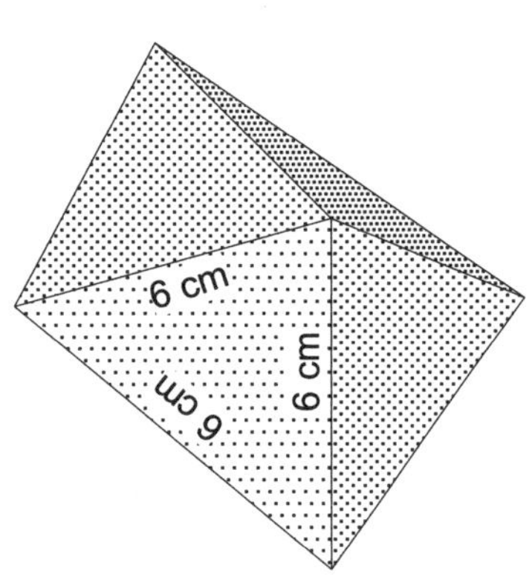

Aufgabe Nr. 42 Lernzirkel: Der Satz des Pythagoras © Aulis Verlag Deubner

Lösung Nr. 42 Lernzirkel: Der Satz des Pythagoras © Aulis Verlag Deubner

Zur Berechnung des Flächeninhalts eines der acht Dreiecke brauchst du die Höhe h.

$$h = \sqrt{6^2 - 3^2}$$
$$h = \sqrt{27}$$
$$h \approx 5,2 \ (\text{cm})$$

$$A = 8 \cdot 3 \cdot 5,2$$
$$A = 124,8 \ (\text{cm}^2)$$

Wie weit ragt ein 20 cm langer Trinkhalm *mindestens* aus einer Zoca-Dola-Dose, die 11 cm hoch ist und einen Durchmesser von 6 cm aufweist?

Aufgabe Nr. 41 Lernzirkel: Der Satz des Pythagoras © Aulis Verlag Deubner

Lösung Nr. 41 Lernzirkel: Der Satz des Pythagoras © Aulis Verlag Deubner

$$l = \sqrt{11^2 + 6^2}$$
$$l = \sqrt{157}$$
$$l \approx 12,5$$

Der Trinkhalm ragt mindestens 7,5 cm aus der Zoca-Dola-Dose heraus.

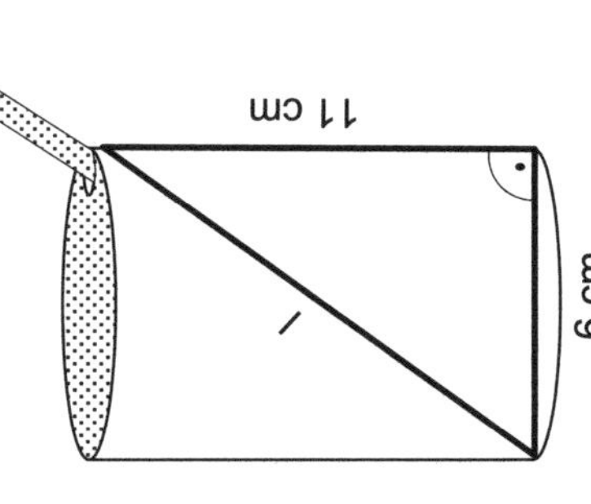

Prof. Dr. Brian Teaser: Karteikarten zum Ausschneiden

**

Ein Parallelogramm hat die Seiten a = 6 cm, b = 4 cm und die Höhe h_a = 3 cm. Berechne die Längen der Diagonalen e und f sowie den Flächeninhalt A.

Aufgabe Nr. 44 — Lernzirkel: Der Satz des Pythagoras — © Aulis Verlag Deubner

---

Lösung Nr. 44 — Lernzirkel: Der Satz des Pythagoras — © Aulis Verlag Deubner

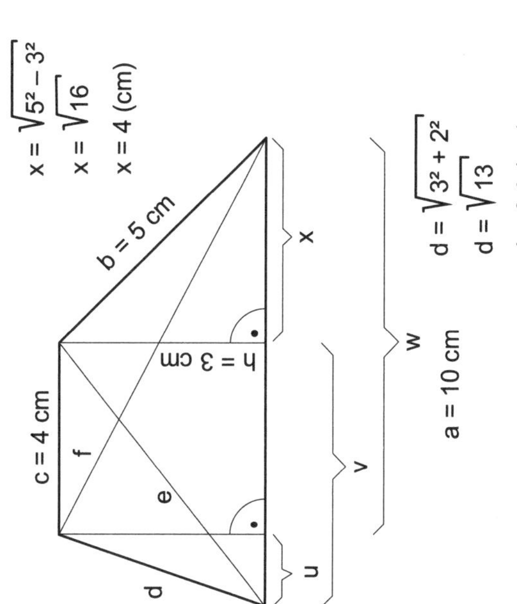

$x = \sqrt{4^2 - 3^2}$
$x = \sqrt{7}$
$x \approx 2{,}6$ (cm)

$y = 3{,}4$ (cm)

$e = \sqrt{8{,}6^2 + 3^2}$
$e = \sqrt{82{,}96}$
$e \approx 9{,}1$ (cm)

$f = \sqrt{3{,}4^2 + 3^2}$
$f = \sqrt{20{,}56}$
$f \approx 4{,}5$ (cm)

$A = a \cdot h_a$
$A = 6 \cdot 3$
$A = 18$ (cm²)

***

In einem Trapez ist a = 10 cm, b = 5 cm, c = 4 cm und h = 3 cm. Berechne die Länge der Seite d sowie der Diagonalen e und f und den Flächeninhalt A.

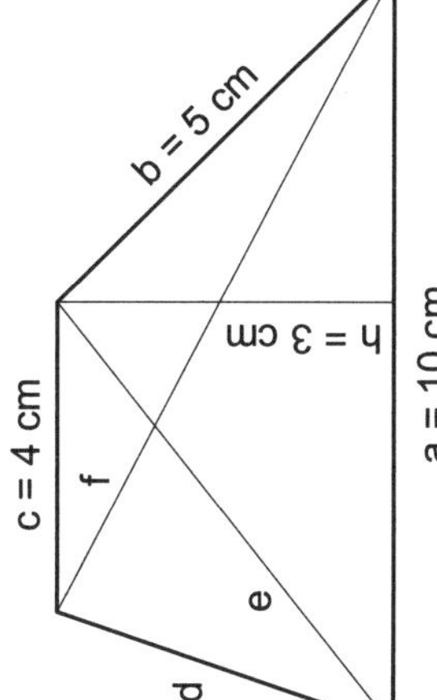

Aufgabe Nr. 43 — Lernzirkel: Der Satz des Pythagoras — © Aulis Verlag Deubner

---

Lösung Nr. 43 — Lernzirkel: Der Satz des Pythagoras — © Aulis Verlag Deubner

$x = \sqrt{5^2 - 3^2}$
$x = \sqrt{16}$
$x = 4$ (cm)

$v = 6$ cm

$e = \sqrt{6^2 + 3^2}$
$e = \sqrt{45}$
$e \approx 6{,}7$ (cm)

$u = 2$ (cm)
$w = 8$ (cm)

$f = \sqrt{8^2 + 3^2}$
$f = \sqrt{73}$
$f \approx 8{,}5$ (cm)

$A = \dfrac{a+c}{2} \cdot h$
$A = \dfrac{10+4}{2} \cdot 3$
$A = 21$ (cm²)

$d = \sqrt{3^2 + 2^2}$
$d = \sqrt{13}$
$d \approx 3{,}6$ (cm)

Aufgabe Nr. 45

Berechne die Luftlinienentfernung zwischen den Gipfeln des Großglockners (3797 m) und des Hahnlberges (2634 m). Aus einer Karte wurde eine Entfernung von 7,6 km abgelesen.

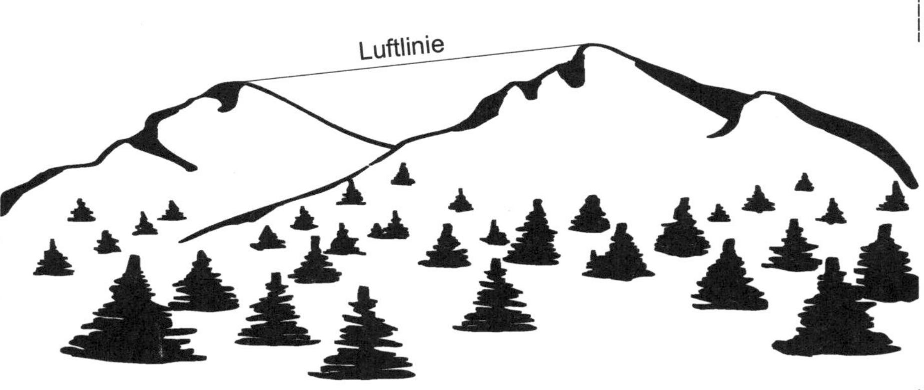

Aufgabe Nr. 45   Lernzirkel: Der Satz des Pythagoras   © Aulis Verlag Deubner

Aufgabe Nr. 46

Franz van Lahmsick schwimmt diagonal durch ein Becken von 20 m Breite und 50 m Länge. Welchen Weg legt er dabei zurück?

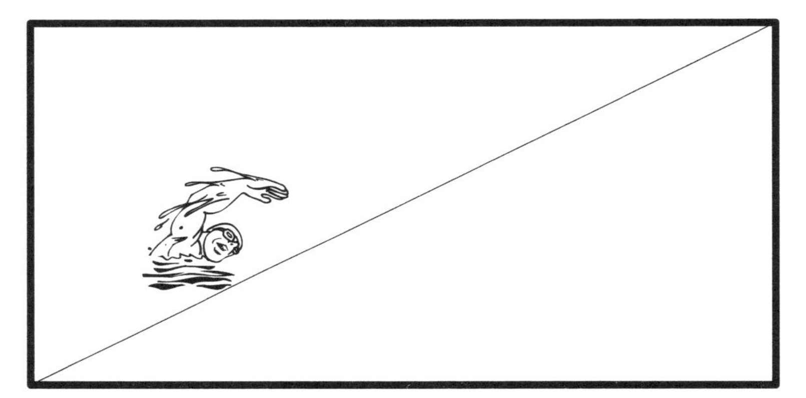

Aufgabe Nr. 46   Lernzirkel: Der Satz des Pythagoras   © Aulis Verlag Deubner

Lösung Nr. 45   Lernzirkel: Der Satz des Pythagoras   © Aulis Verlag Deubner

$$l = \sqrt{7600^2 + 1163^2}$$
$$l = \sqrt{59112569}$$
$$l \approx 7688,47$$

Die Luftlinienentfernung beträgt 7688 m.

Lösung Nr. 46   Lernzirkel: Der Satz des Pythagoras   © Aulis Verlag Deubner

$$d = \sqrt{50^2 + 20^2}$$
$$d = \sqrt{2900}$$
$$d \approx 53,9$$

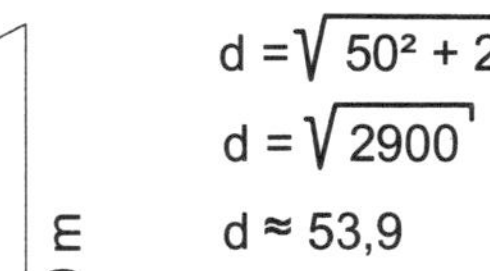

Er legt einen Weg von 54 m zurück.

Prof. Dr. Brian Teaser: Karteikarten zum Ausschneiden

*****

Die Größe eines Fernsehgerätes wird nach der Bilddiagonalen bestimmt. Ein Fernseher hat eine Länge von 28 cm und eine Höhe von 21 cm. Berechne die Bildschirmdiagonale.

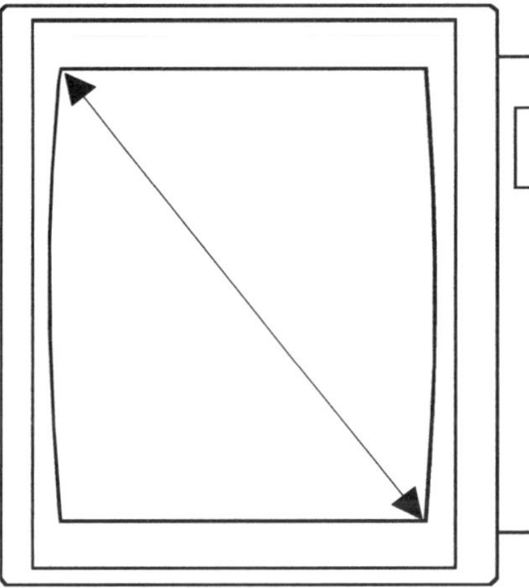

Aufgabe Nr. 48 — Lernzirkel: Der Satz des Pythagoras — © Aulis Verlag Deubner

---

Lösung Nr. 48 — © Aulis Verlag Deubner — Lernzirkel: Der Satz des Pythagoras

$$d = \sqrt{28^2 + 21^2}$$
$$d = \sqrt{1225}$$
$$d = 35 \ (cm)$$

Es handelt sich um einen sogenannten 35-er Bildschirm.

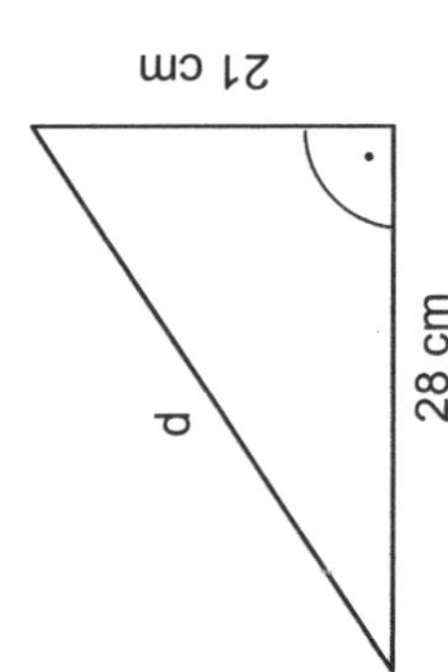

*****

Bei dem schrecklichen Sturm im Oktober 1998 wurde eine 15,20 m hohe Tanne 3,82 m über dem Erdboden abgeknickt. Berechne, in welchem Umkreis sie einem zufällig Vorbeikommenden hätte gefährlich werden können.

Aufgabe Nr. 47 — Lernzirkel: Der Satz des Pythagoras — © Aulis Verlag Deubner

---

Lösung Nr. 47 — © Aulis Verlag Deubner — Lernzirkel: Der Satz des Pythagoras

$$a = \sqrt{11{,}38^2 - 3{,}82^2}$$
$$a = \sqrt{114{,}912}$$
$$a \approx 10{,}7$$

In einem Umkreis von knapp 11 m könnte es gefährlich werden.

Prof. Dr. Brian Teaser: Karteikarten zum Ausschneiden

Aufgabe Nr. 50

Ein Grundstück in der Form eines Vierecks soll in die Dreiecke ABD und BCD aufgeteilt werden. Die Grundstücksbesitzer wollen ihre Grundstücke einzäunen. Wie viele laufende Meter Zaun müssen sie gemeinsam bestellen?

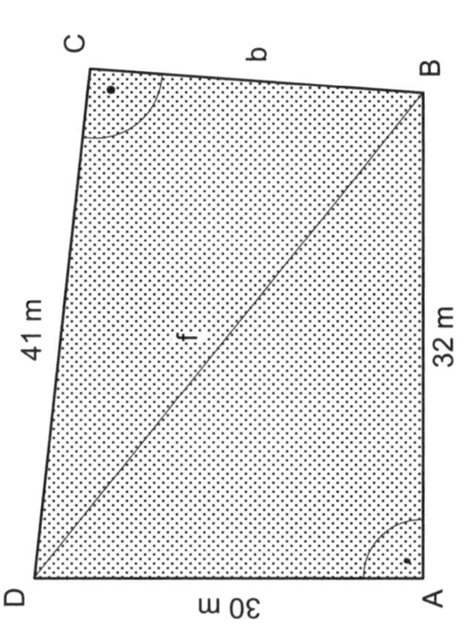

Aufgabe Nr. 50 | Lernzirkel: Der Satz des Pythagoras | © Aulis Verlag Deubner

Lösung Nr. 50

$$f = \sqrt{30^2 + 32^2}$$
$$f = \sqrt{1924}$$
$$f \approx 43{,}9 \ (m)$$

$$b = \sqrt{1924 - 41^2}$$
$$b = \sqrt{243}$$
$$b \approx 15{,}6 \ (m)$$

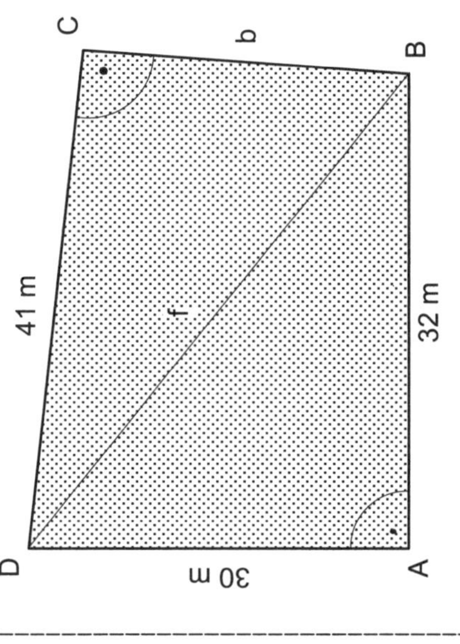

$$\text{Gesamtlänge}_{Zaun} = 32 + 30 + 41 + 15{,}6 + 43{,}9$$
$$\text{Gesamtlänge}_{Zaun} = 162{,}5$$

Sie müssen 162,5 m Zaun bestellen.

Lösung Nr. 50 | Lernzirkel: Der Satz des Pythagoras | © Aulis Verlag Deubner

Aufgabe Nr. 49

Herr Spanplättli hat sich eine Sperrholzplatte mit den Maßen 2,42 m x 4,3 m gekauft, um sich eine Spielzeugeisenbahn im Keller aufzubauen. Schafft er es, diese Platte durch seine Eingangstür zu bringen, die 1,23 m breit und 2,12 m hoch ist?

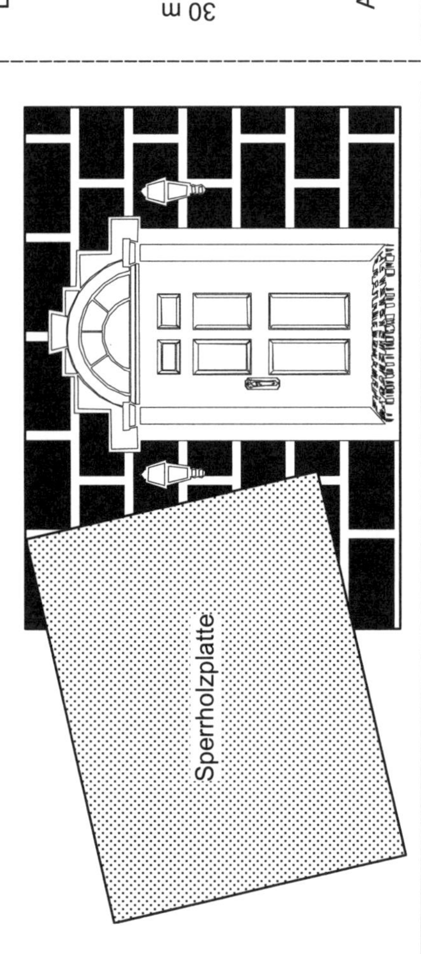

Aufgabe Nr. 49 | Lernzirkel: Der Satz des Pythagoras | © Aulis Verlag Deubner

Lösung Nr. 49

$$d = \sqrt{1{,}23^2 + 2{,}12^2}$$
$$d = \sqrt{6{,}0073}$$
$$d \approx 2{,}45 \ (m)$$

Wenn Herr Spanplättli die Sperrholzplatte schräg stellt, kommt er soeben durch seine Eingangstür. Er hat noch 3 cm Luft. Drücke ihm die Daumen, dass seine Kellertür genau so groß ist.

Lösung Nr. 49 | Lernzirkel: Der Satz des Pythagoras | © Aulis Verlag Deubner

Die einzelnen Aufgaben ausschneiden und zu einer Klassenarbeit zusammenstellen.

*** 1**

Ein Kegel mit dem Durchmesser d = 8 cm ist 12 cm hoch. Wie lang ist die Mantellinie s?

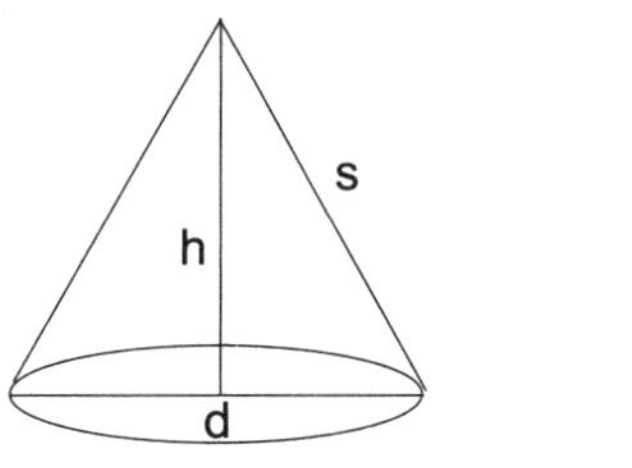

*** ↲ 2**

Eine Rettungsleiter der Feuerwehr soll das Flachdach eines Hotels, das 32 m hoch ist, erreichen können. Wie lang muss die Leiter mindestens ausgefahren werden können, wenn sie auf einem 1,5 m hohen Anhänger montiert ist und ihr unteres Ende 9 m von der Hauswand entfernt ist? Mache dir eine Skizze.

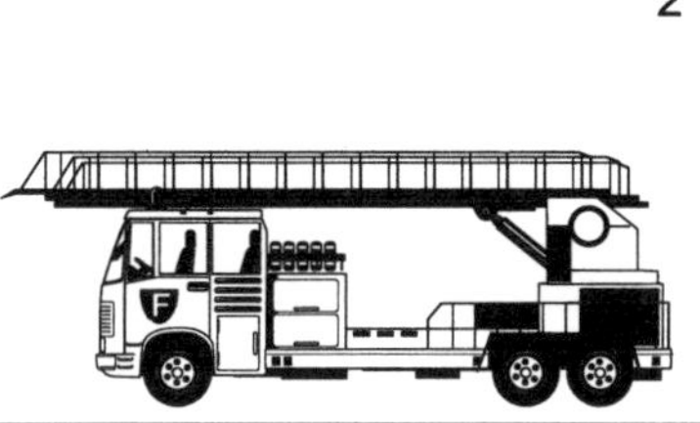

*** ↲ 3**

Von einer rechtwinkligen Straßenkreuzung entfernen sich zwei Autofahrer mit gleichmäßiger Geschwindigkeit. Ein Auto fährt 96 km/h, das andere Auto 84 km/h. Welche Luftlinienentfernung haben die Autos nach 10 Minuten, wenn die Straßen bis dahin geradlinig verlaufen?

*** * * ↲ 4**

Berechne die Luftlinienentfernung zwischen den Gipfeln des Großglockners (3797 m) und des Hahnlberges (2634 m). Auf einer Karte im Maßstab 1 : 200 000 wurde eine Entfernung von 3,8 cm abgelesen.

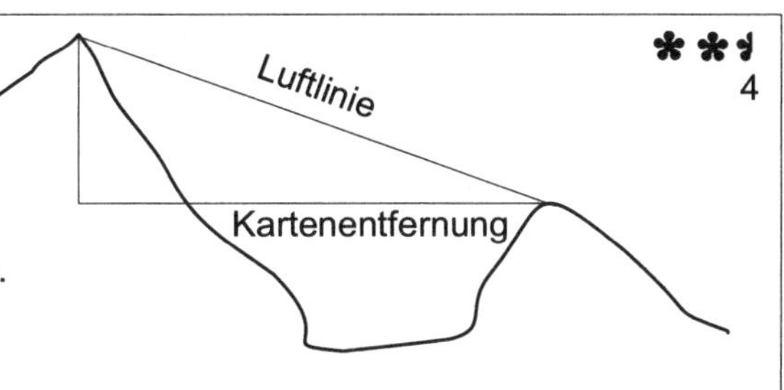

*** 5**

Berechne die fehlenden Größen in einem rechtwinkligen Dreieck (a, b, c, q, p, h_c, A).

a) b = 3,9 cm, q = 1,3 cm

b) a = 8 cm, c = 10,5 cm

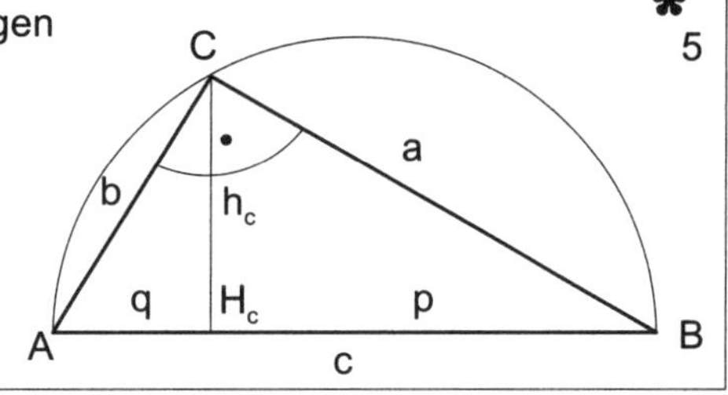

*** ↲ 6**

Berechne die Länge der Seitenkante s, wenn R = 5 cm, r = 3 cm und h = 7 cm betragen.

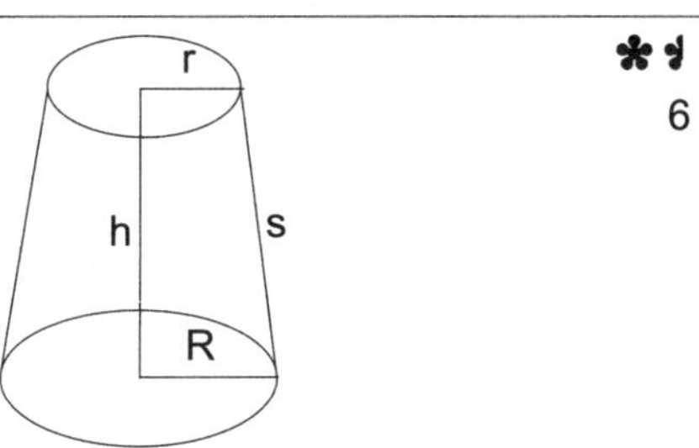

Wie hoch ist die quadratische Pyramide?

**** 7**

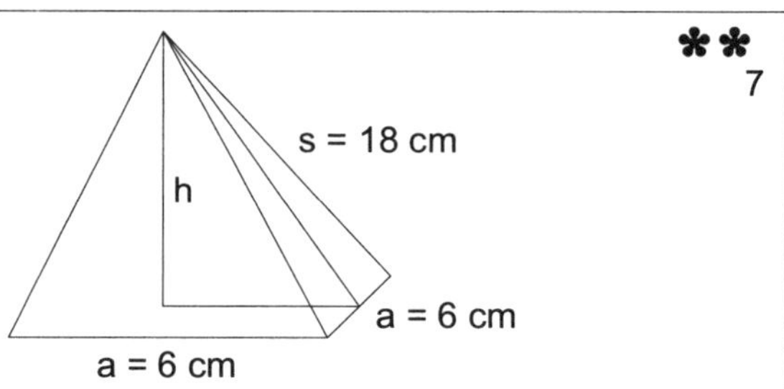

Taucher Breathnix will einen 35 m breiten Fluss überqueren, kämpft verzweifelt gegen die starke Strömung und landet schließlich erschöpft am gegenüberliegenden Ufer.
Allerdings wurde er von der Strömung um gute 150 m abgetrieben.
Welchen Weg hat er zurückgelegt?
Mache dir eine Skizze.

***⌐ 8**

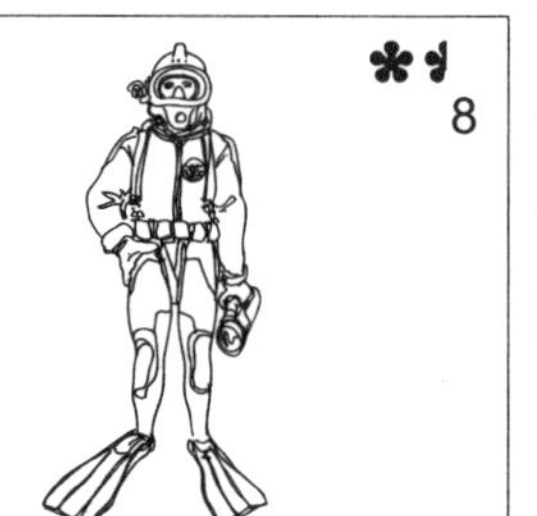

Eine Seilbahn überwindet einen Höhenunterschied von 597 m.
Auf einer Karte im Maßstab 1 : 50 000
(1 cm auf der Karte sind 50 000 cm in Wirklichkeit) beträgt die Entfernung zwischen Tal- und Bergstation 3,7 cm.
Wie lang ist das Halteseil mindestens?

**** 9**

Ein Haus von 7,20 m Breite hat ein Satteldach mit einer Höhe von 4,20 m.
Welche Länge haben die Dachschrägen?

*** 10**

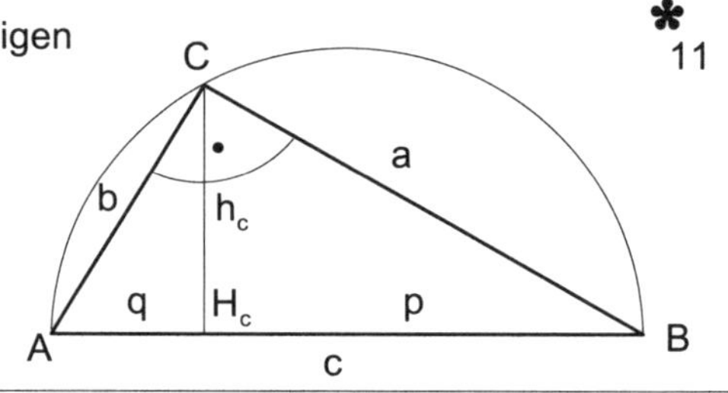

Berechne die fehlenden Größen in einem rechtwinkligen Dreieck (a, b, c, q, p, h_c, A).

a) $a = 4$ cm, $p = 3,6$ cm

b) $b = 5$ cm, $c = 5,6$ cm

*** 11**

Berechne die Höhe h des Kegelstumpfes, wenn $R = 7$ cm, $r = 4,2$ cm und $s = 6,5$ cm betragen.

***⌐ 12**

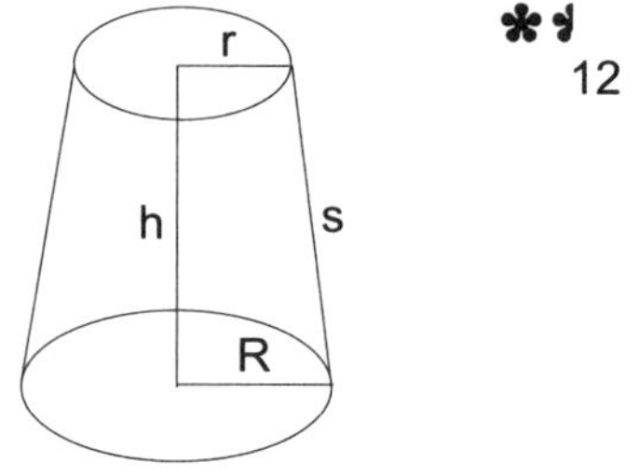

Die einzelnen Aufgaben ausschneiden und zu einer Klassenarbeit zusammenstellen.

Wie lang ist die Raumdiagonale
(das ist die Verbindung von A nach G)
eines Quaders mit a = 8,5 cm,
b = 6 cm und c = 4,7 cm?

** 13

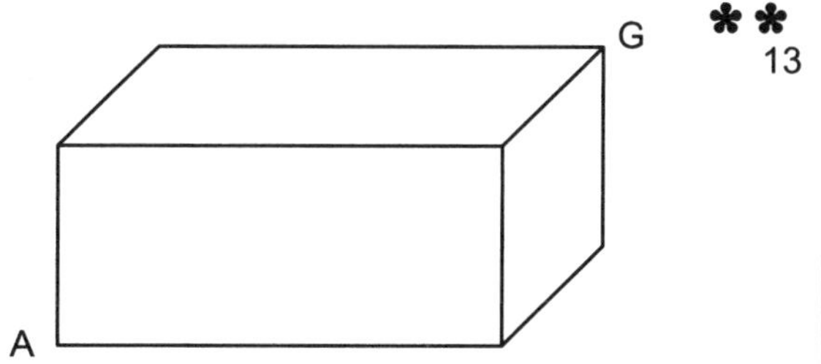

Berechne die Höhe der Pyramide.

** 14

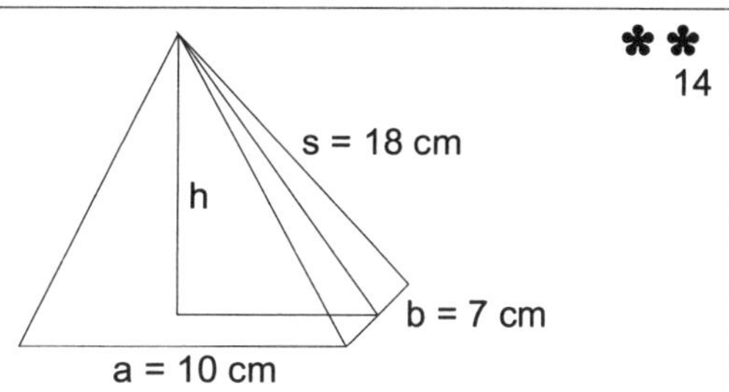

Aus dem Guinnessbuch der Rekorde:
Die am weitesten sichtbare Lichtquelle
der Erde befindet sich auf dem
Empire State Building in *New York*
332 m über dem Boden. Die Lichter
können noch in 130 km Entfernung auf
Bodenebene wahrgenommen werden.
Stimmt das?

** 15

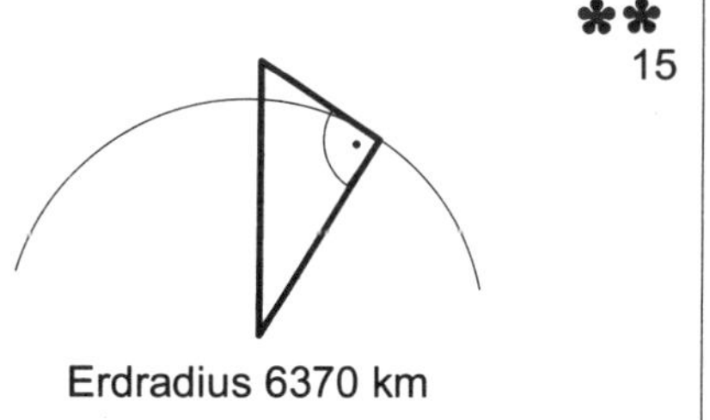

Zeichne das Fünfeck in ein Koordinatensystem
und berechne die Länge der fünf Seiten.
A(3/2), B(–1/5), C(– 4/1), D(–1/– 4), E(1/– 3)

** 16

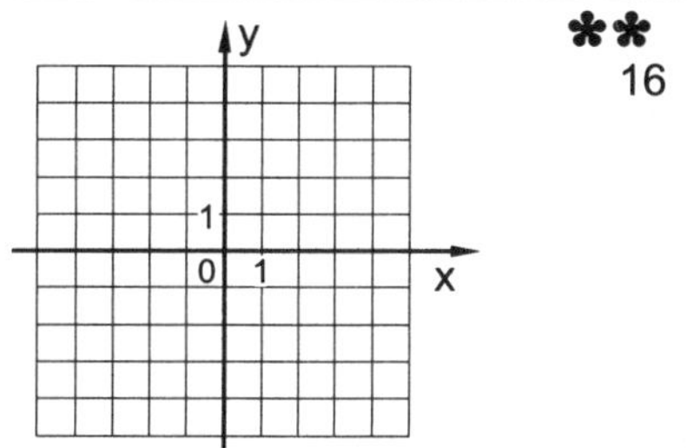

Berechne die fehlenden Größen in einem
rechtwinkligen Dreieck (a, b, c, q, p, h_c, A).

a) b = 4 cm, q = 3,6 cm

b) a = 5 cm, b = 5,6 cm

* 17

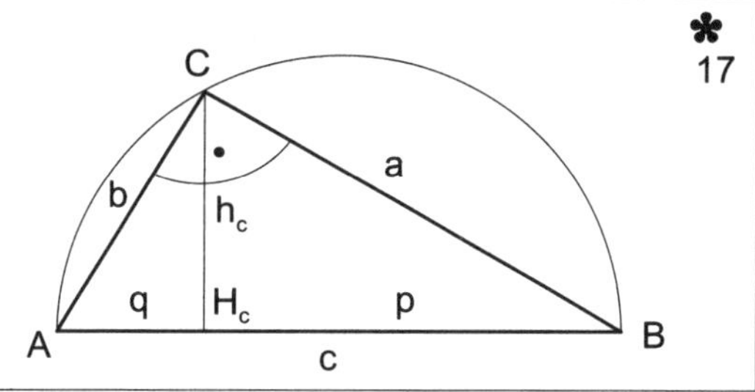

Der Rand und die Trennfugen eines Zierfensters
sollen in Blei gefasst werden.
Berechne die Gesamtlänge der Fassungen.

** 18

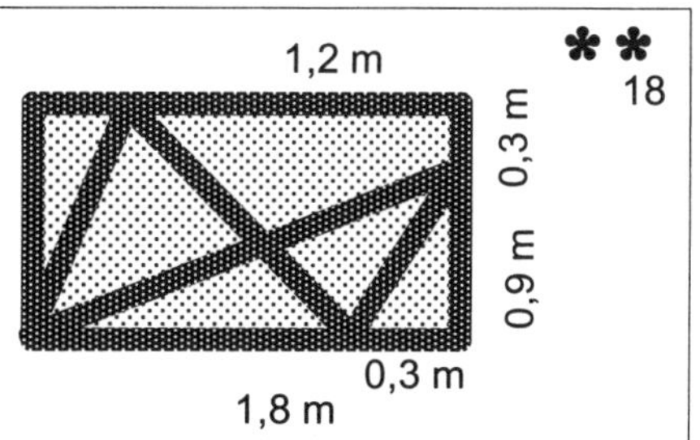

★★★★♪ 19

Ein Baum mit einer Länge von 5 m wird durch einen Sturm umgeknickt. Die Spitze des Baumes erreicht den Boden in einer Entfernung von 2 m vom Fuß des Stammes.
In welcher Höhe ist der Baum abgeknickt?

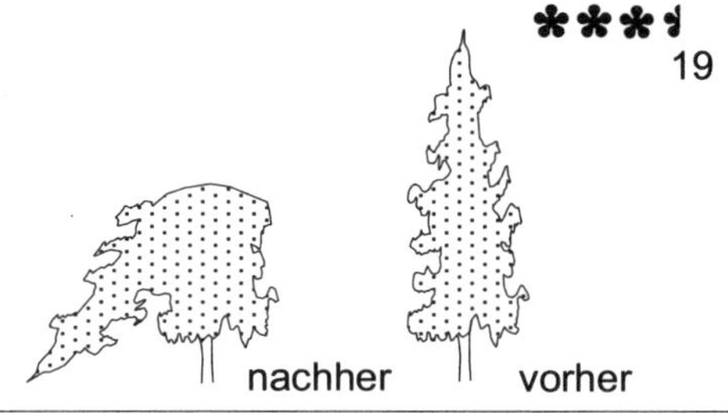

★★★★♪ 20

Wie lang ist das Pendel?

★★★★♪ 21

Berechne den Radius des Umkreises.
Denke daran:
Die Seitenhalbierenden eines Dreiecks schneiden sich im Verhältnis 1 : 2.

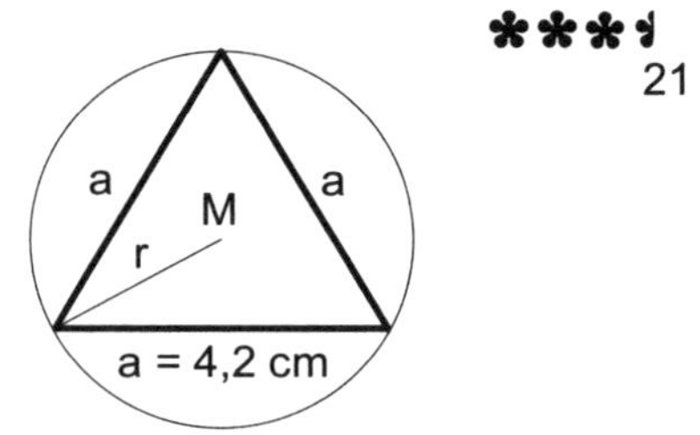

★♪ 22

Für den 25 m² großen, quadratischen Hubschrauberlandeplatz eines Krankenhauses sollen die beiden Diagonalen durch einen roten Farbanstrich kenntlich gemacht werden.
Wie lang sind die roten Linien zusammen?

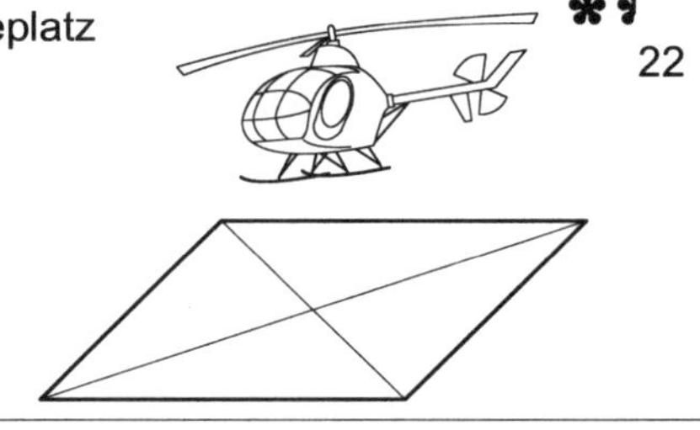

★ 23

An einem Kran sind in einer Höhe von 15 m Stahlseile angebracht, die im Erdboden verankert sind.
Wie lang sind diese Seile, wenn sich die Verankerungen in 7 m Entfernung zum Kran befinden?

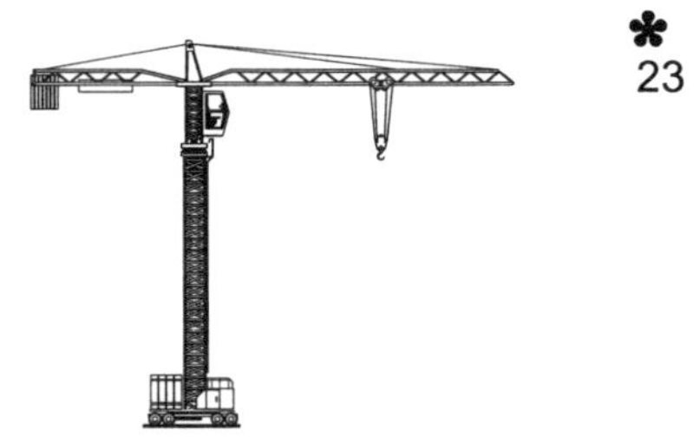

★♪ 24

Berechne die Längen der Stahlträger x_1, x_2 und x_3 dieser Fabrikhalle. Die Dicke der Träger soll nicht berücksichtigt werden.

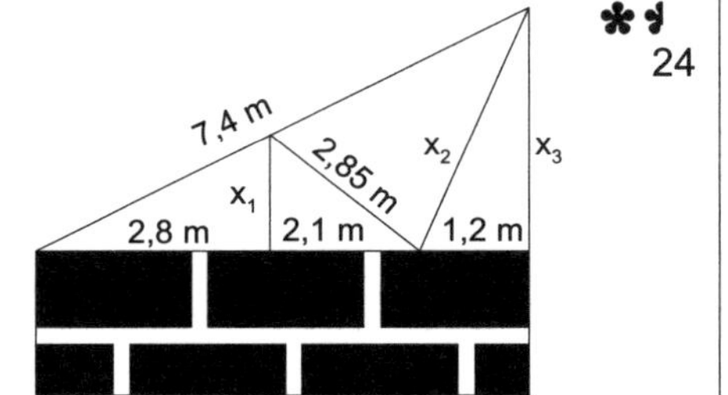

✶✶ 25

Wie hoch schwingt das Pendel aus?

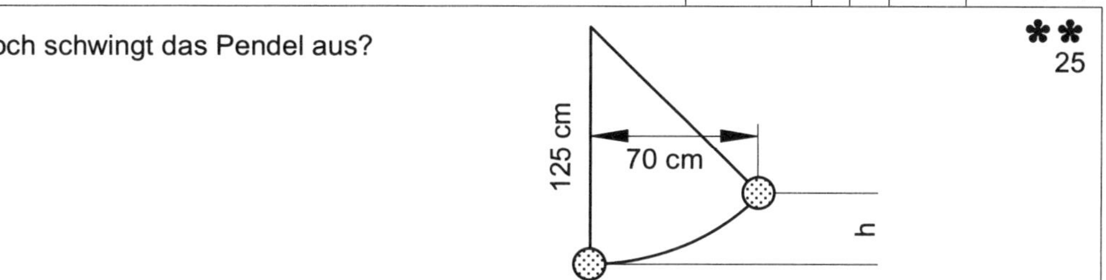

✶ 26

In Wombeldums schlug Doris Decker einen ihrer gefürchteten Crossbälle und zwar exakt vom rechten Eckpunkt ihres Feldes zum gegenüberliegenden Eckpunkt des gegnerischen Feldes.
Welchen Weg legte die weiße Filzkugel *mindestens* zurück?

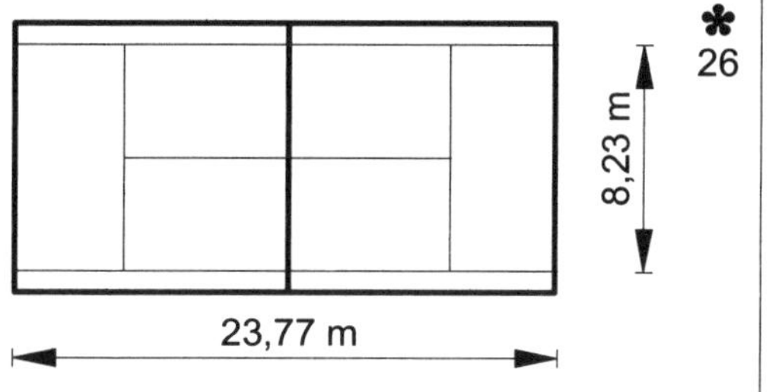

✶ 27

Wie weit ist die Sehne s vom Mittelpunkt des Kreises entfernt?

✶ 28

Berechne den Radius des Kreises.

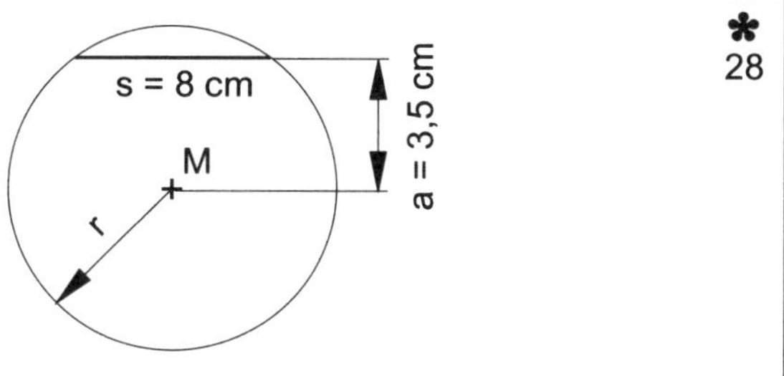

✶✶ 29

Wie lang ist die Diagonale eines Quadrates, das einen Flächeninhalt von 968 cm² aufweist?

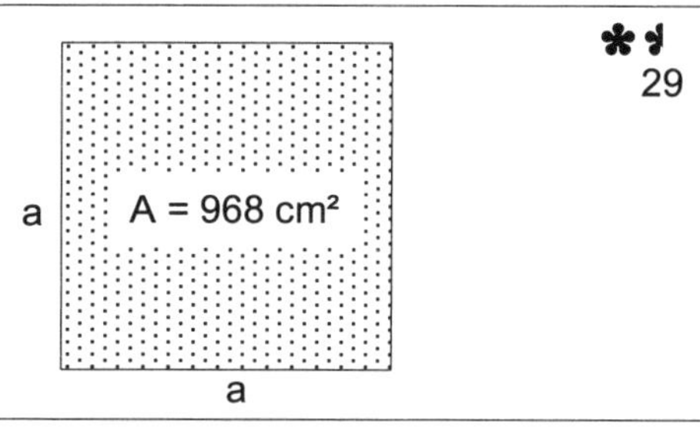

✶✶ 30

Wie lang sind die Seiten eines Quadrates, dessen Diagonalen 44,8 cm sind?

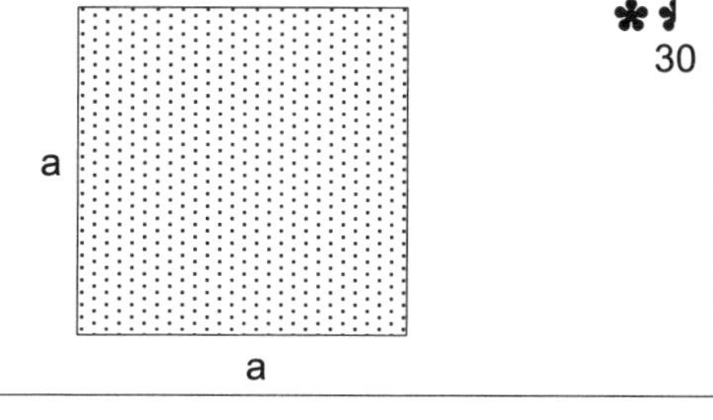

Prof. Dr. Brian Teaser: Aufgabenkarten Klassenarbeiten

Zwischen zwei Häusern, die im Abstand von
6 m gebaut sind, hat man in der Mitte der
Straße eine Beleuchtung angebracht.
Wie tief hängt die Leuchte durch, wenn
das Stahlseil, an dem sie befestigt ist,
6,10 m lang ist?

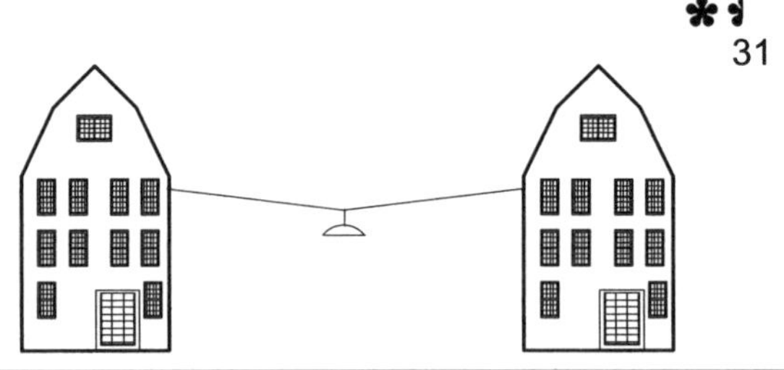

Ein gleichschenkliges Trapez mit den
Grundseiten a = 12 cm und c = 7 cm
hat einen Flächeninhalt A = 47,5 cm².
Berechne die Länge der Diagonalen d.

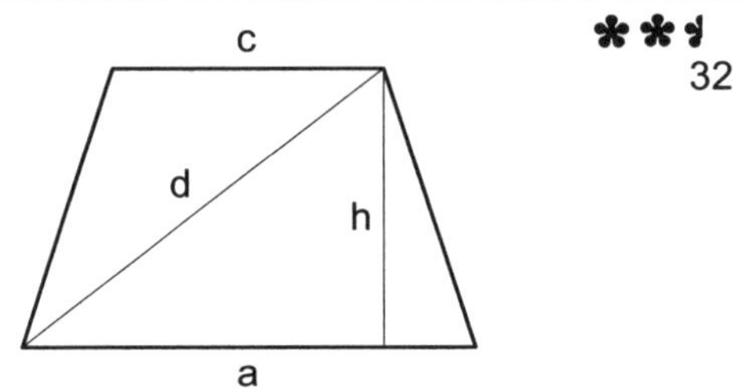

Eine Leiter, die an eine Hauswand gelehnt wird,
steht am Boden 80 cm vom Haus entfernt.
Wie hoch reicht die Leiter, wenn sie 1,85 m lang ist?

Bonvent-Bau erstellt zum x-ten Male in Obelhausen
(Ortsteil Stelklade) Eigenheime mit immer kleiner
werdenden Breiten von jetzt 4,20 m.
Der Giebel weist eine Höhe von 3,10 m auf.
Die Dachbalken sollen 25 cm überstehen.
Wie lang müssen die Balken gewählt werden?

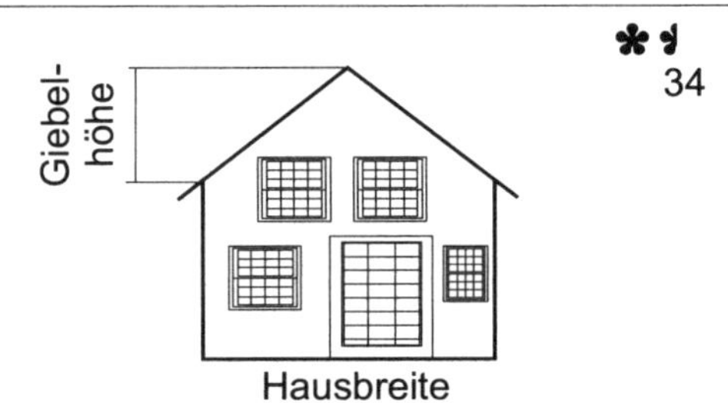

In einem Drachen ist a = 5 cm, e = 9 cm
und f = 8 cm. Berechne den Umfang des
Drachens.

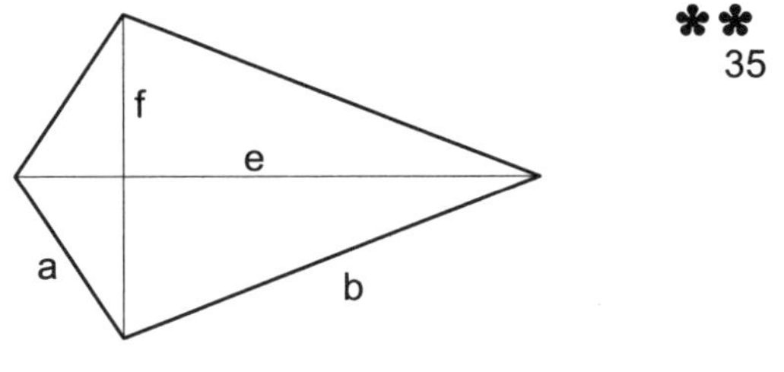

Von einem gleichseitigen Dreieck weiß man,
dass der Flächeninhalt A = 35 cm² beträgt.
Berechne die Seitenlänge a, die Höhe h
und den Umfang u.

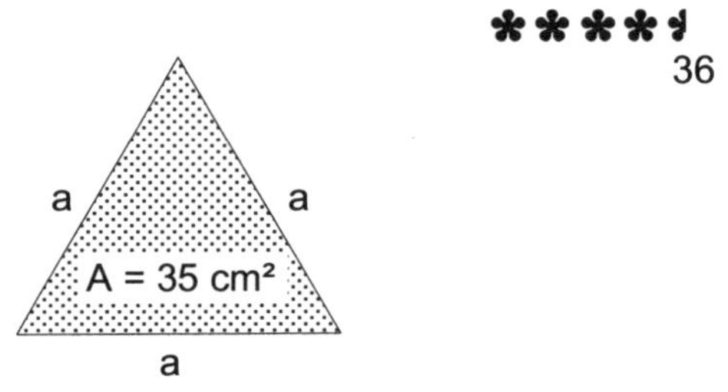

Die einzelnen Aufgaben ausschneiden und zu einer Klassenarbeit zusammenstellen.

✱ ♪ 37

Das Dach einer Garage wird mit neuen Teerbahnen belegt.
Wie lang müssen sie sein, wenn der Dachüberstand vorn und hinten 30 cm beträgt?

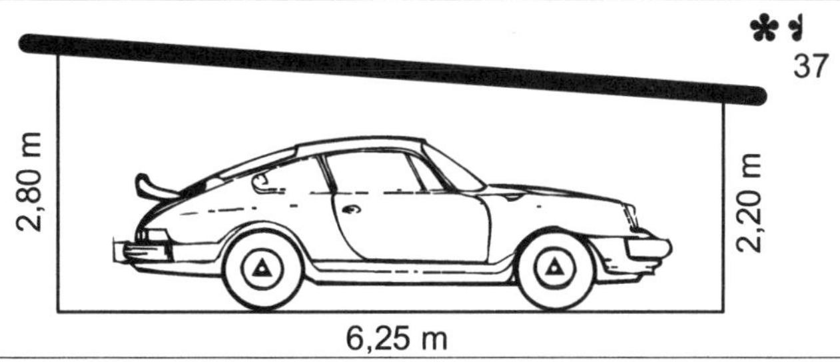

✱ ♪ 38

Der Flächeninhalt einer Raute mit e = 8 cm beträgt 56 cm².
Wie lang sind die Seiten?

✱ 39

Als das Space Shuttle mit John Glenn an Bord am 7. 11. 98 zur Landung ansetzte, befand es sich in einer Höhe von 75 m. Nach einem Gleitflug von 420 m setzt es am Anfang der Landebahn auf.
Wie weit war das Shuttle von der Landebahn entfernt?

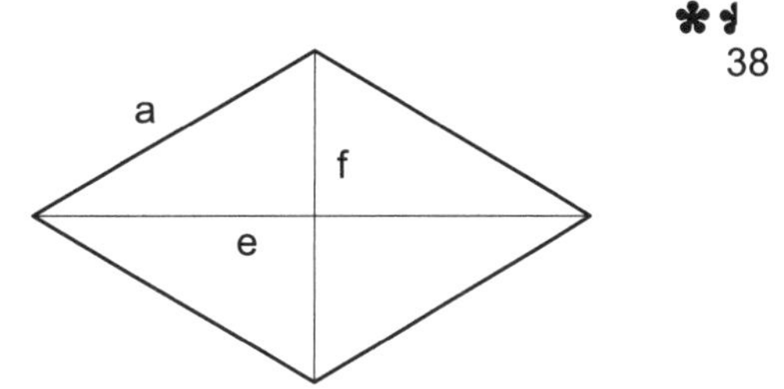

✱ 40

Die Strömung des alten Mississippi war doch stärker, als sich der Captain des Schaufelraddampfers vorgestellt hatte. Bei der Überquerung des an dieser Stelle 130 m breiten Flusses legte er einen Weg von 220 m zurück.
Wie weit wurde der Dampfer abgetrieben?

✱ 41

Ankes Drachen fliegt an einer 30 m langen Schnur. Ihr Vater steht genau senkrecht unter dem Drachen in einer Entfernung von 12 m. Er hatte ihr beim Starten des Drachen geholfen.
In welcher Höhe steht der Drachen?

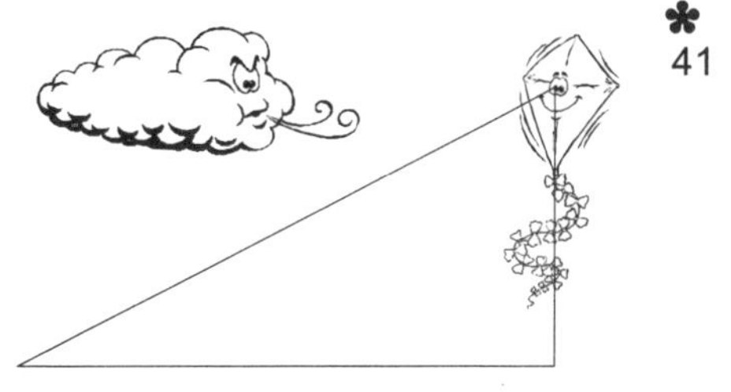

✱ ♪ 42

Welche Höhe hat eine quadratische Pyramide mit einer Grundfläche A = 225 cm² und einer Dreieckshöhe h_a von 18 cm?

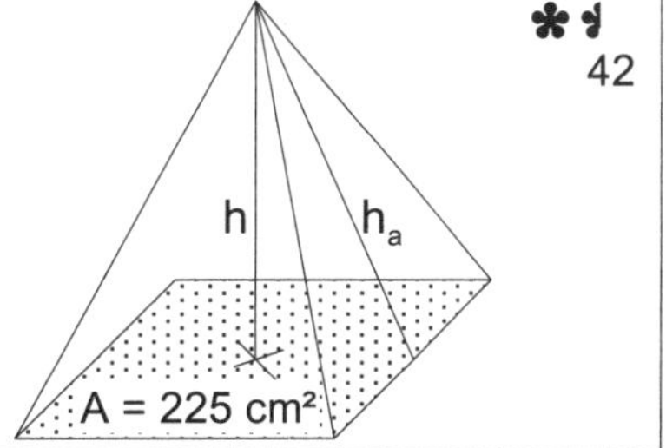

Prof. Dr. Brian Teaser: Aufgabenkarten Klassenarbeiten

*****
43

Berechne die fehlende Dreiecksseite am *rechtwinkligen* Dreieck ($\gamma = 90°$).
a = 6 cm, b = 8 cm
a = 12 m, b = 5 m
b = 5 km, c = 12 km
a = 15 dm, b = 20 dm
a = 12 mm, b = 16 mm
a = 9 cm, c = 17 cm
b = 5 cm, c = 18 cm

*****
44

Berechne die Höhen in den *gleichschenkligen* Dreiecken.

a) a = b = 32 cm und c = 42 cm

b) a = c = 3,5 cm und b = 5 cm

c) b = c = 7,4 cm und a = 9,3 cm

*****
45

Berechne die Höhen in den *gleichseitigen* Dreiecken.

a) a = 12 cm

b) a = 43 dm

c) a = 93 mm

*****
46

Der berühmte Artist Evil Knivel will mit seinem Motorrad
auf einem Seil zur 42 m hohen Plattform eines Turmes fahren.
Er startet 85 m vom Turm entfernt.
Wie lang muss das Seil
mindestens sein?

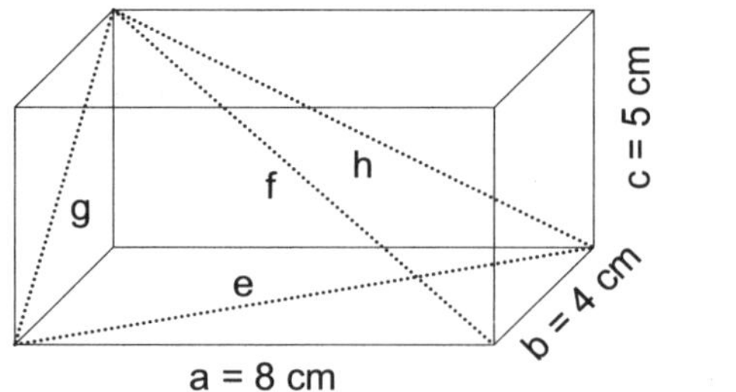

*****
47

Berechne für den abgebildeten
Quader die gekennzeichneten
(punktierten) Längen.

******
48

In einem Würfel ist die
Raumdiagonale d = 15,59 cm.
Wie lang sind die Kanten des Würfels?

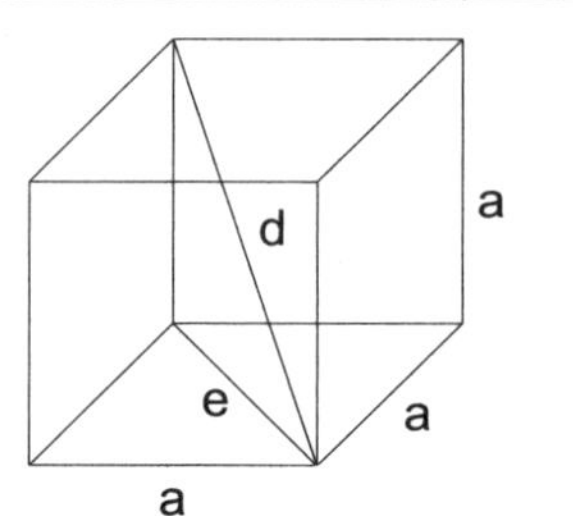

Prof. Dr. Brian Teaser: Lösungen Aufgabenkarten

*** L 1**

$s = \sqrt{12^2 + 4^2}$

$s = \sqrt{160}$

$s \approx 12{,}6$

Die Mantellinie ist 12,6 cm lang.

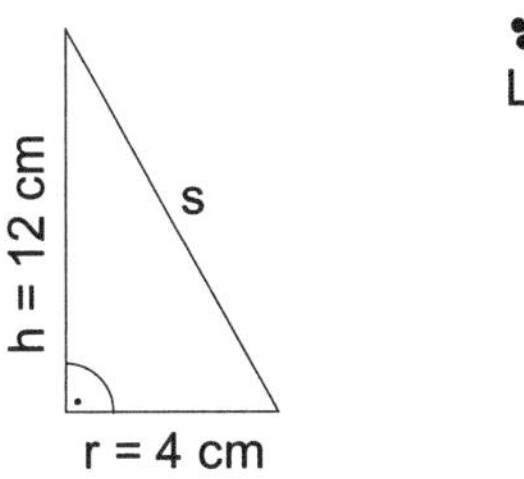

**** L 2**

$l = \sqrt{30{,}5^2 + 9^2}$

$l = \sqrt{1\,011{,}25}$

$l \approx 31{,}8$

Die Leiter muss mindestens 31,8 m ausgefahren werden.

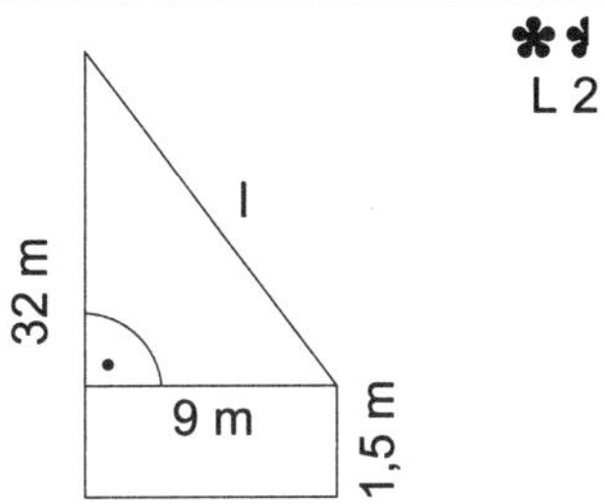

**** L 3**

Ein Auto hat in 10 Minuten 16 km zurückgelegt, das andere Auto 14 km.

$l = \sqrt{16^2 + 14^2}$

$l = \sqrt{452}$

$l \approx 21{,}3$

Die Luftlinienentfernung beträgt 21,3 km.

***** L 4**

3,8 cm auf der Karte entsprechen
760 000 cm = 7 600 m in Wirklichkeit.

$l = \sqrt{7\,600^2 + 1\,163^2}$

$l = \sqrt{59\,112\,569}$

$l \approx 7\,688{,}47$

Die Luftlinienentfernung beträgt 7 688 m.

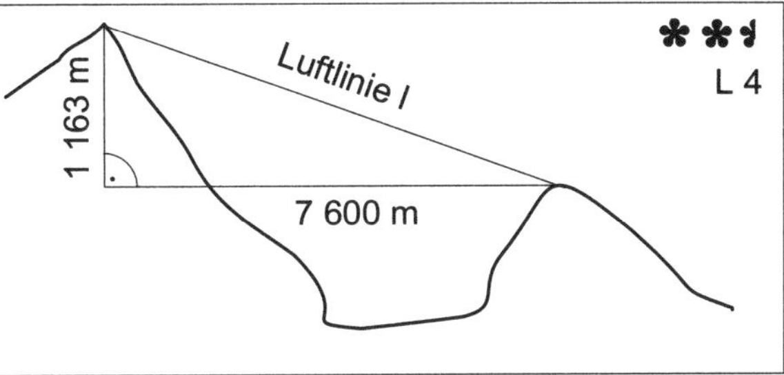

*** L 5**

a) $b = 3{,}9$ cm, $q = 1{,}3$ cm

$h_c = 3{,}7$ cm, $c = 11{,}7$ cm, $p = 10{,}4$ cm,
$a = 11$ cm, $A = 21{,}45$ cm²

b) $a = 8$ cm, $c = 10{,}5$ cm

$b = 6{,}8$ cm, $A = 27{,}2$ cm², $p = 6{,}1$ cm,
$q = 4{,}4$ cm, $h_c = 5{,}2$ cm

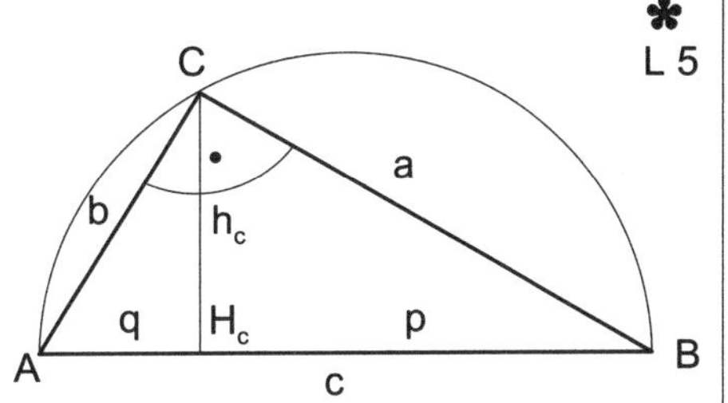

**** L 6**

$s = \sqrt{7^2 + 2^2}$

$s = \sqrt{53}$

$s \approx 7{,}3$ (cm)

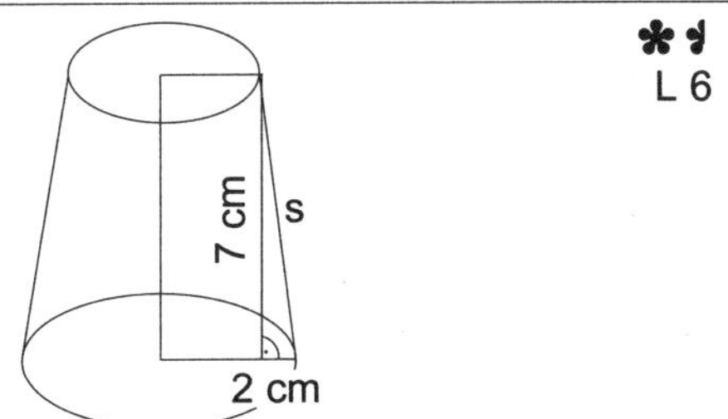

** L 7

$$h_a = \sqrt{18^2 - 3^2}$$
$$h_a = \sqrt{315}$$
$$h_a \approx 17,7$$

$$h = \sqrt{17,7^2 - 3^2}$$
$$h = \sqrt{304,29}$$
$$h \approx 17,4$$

Die quadratische Pyramide ist 17,4 cm hoch.

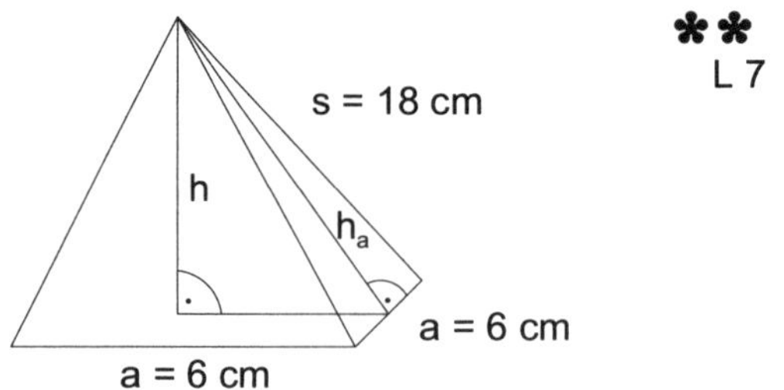

** ❀ L 8

$$w = \sqrt{150^2 + 35^2}$$
$$w = \sqrt{23725}$$
$$w \approx 154$$

Er hat einen Weg von 154 m zurückgelegt.

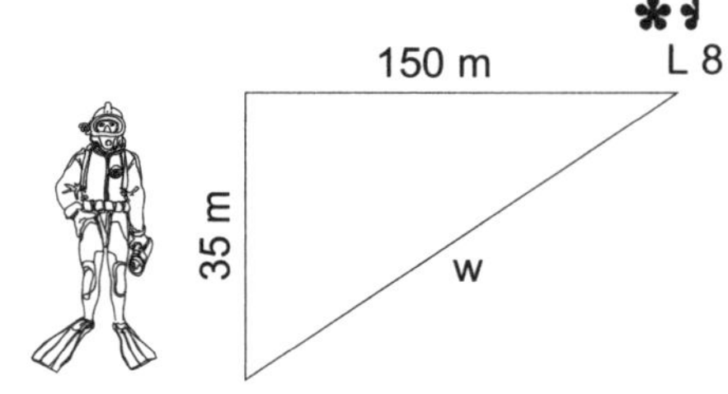

** L 9

3,7 cm auf der Karte entsprechen
185 000 cm = 1850 m in Wirklichkeit.

$$h = \sqrt{1850^2 + 597^2}$$
$$h = \sqrt{3778909}$$
$$h \approx 1943,94$$

Das Halteseil ist mindestens 1944 m lang.

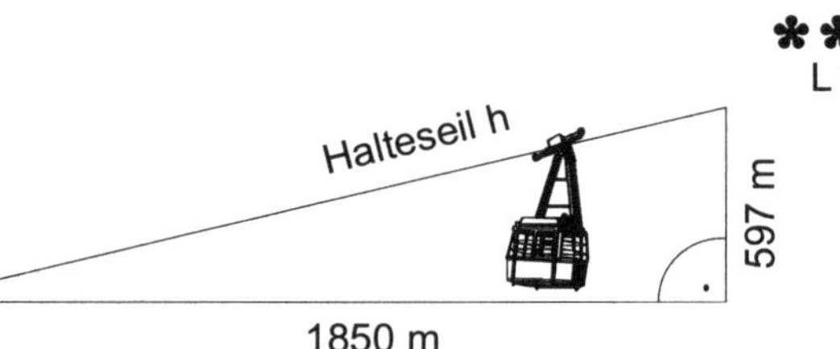

* L 10

$$s = \sqrt{4,2^2 + 3,6^2}$$
$$s = \sqrt{30,6}$$
$$s \approx 5,53$$

Die Dachschrägen haben eine Länge von je 5,53 m.

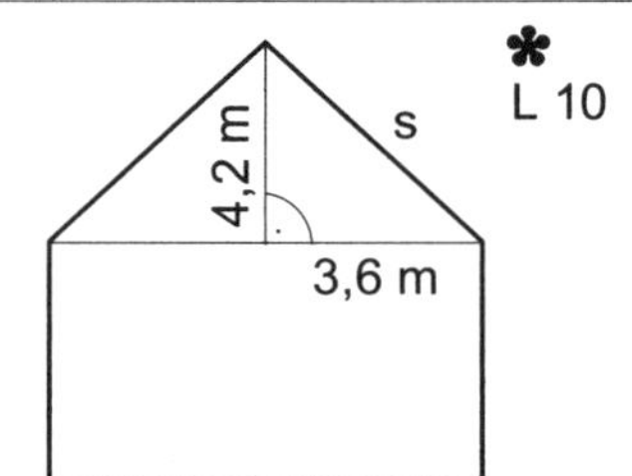

* L 11

a) a = 4 cm, p = 3,6 cm
   h_c = 1,74 cm, c = 4,44 cm, q = 0,84 cm,
   b = 1,93 cm, A = 3,86 cm²

b) b = 5 cm, c = 5,6 cm
   a = 2,52 cm, p = 1,13 cm, q = 4,47 cm,
   h_c = 2,25 cm, A = 6,3 cm²

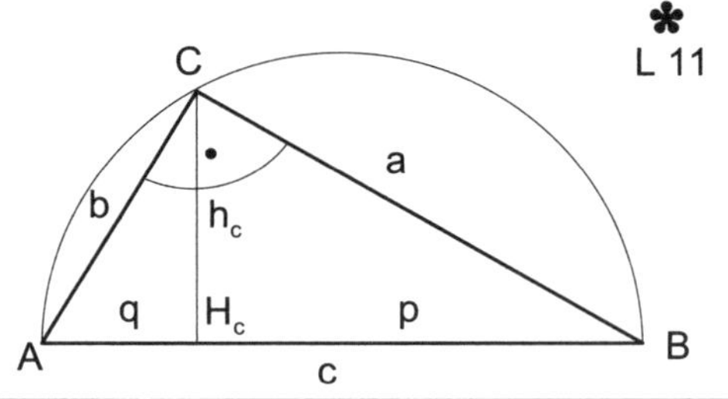

** ❀ L 12

$$h = \sqrt{6,5^2 - 2,8^2}$$
$$h = \sqrt{34,41}$$
$$h \approx 5,9 \;(cm)$$

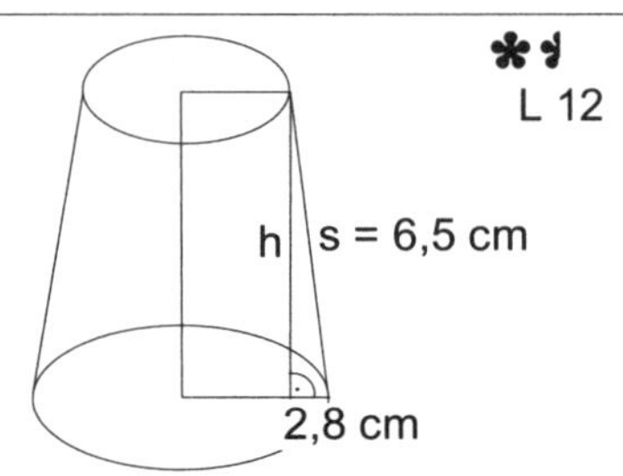

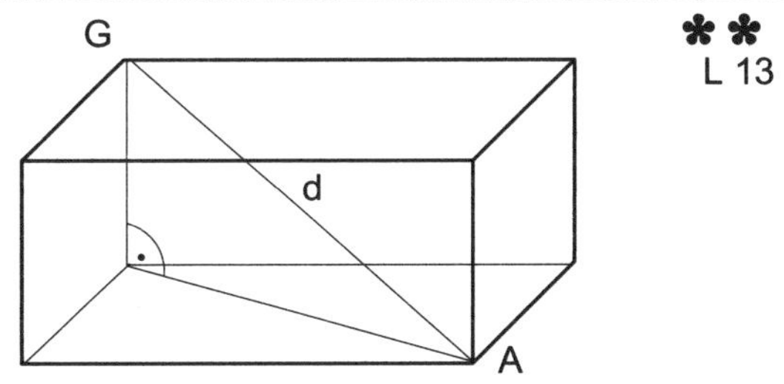

L 13

$d = \sqrt{8{,}5^2 + 6^2 + 4{,}7^2}$

$d = \sqrt{130{,}34}$

$d \approx 11{,}4$

Die Raumdiagonale ist 11,4 cm lang.

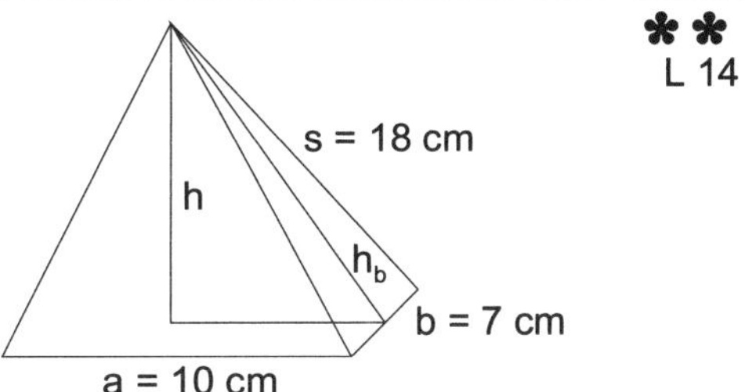

L 14

$h_b = \sqrt{18^2 - 3{,}5^2}$ $h = \sqrt{17{,}7^2 - 5^2}$

$h_b = \sqrt{311{,}75}$ $h = \sqrt{288{,}29}$

$h_b \approx 17{,}7$ (cm) $h \approx 17{,}0$ (cm)

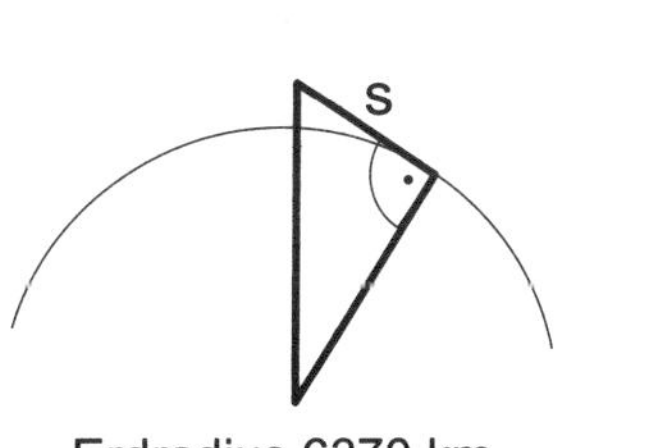

L 15

$s = \sqrt{6370{,}332^2 - 6370^2}$

$s = \sqrt{4229{,}79}$

$s \approx 65{,}0$

Nein. Die Lichter können noch in 65 km Entfernung gesehen werden, aber nicht in 130 km.

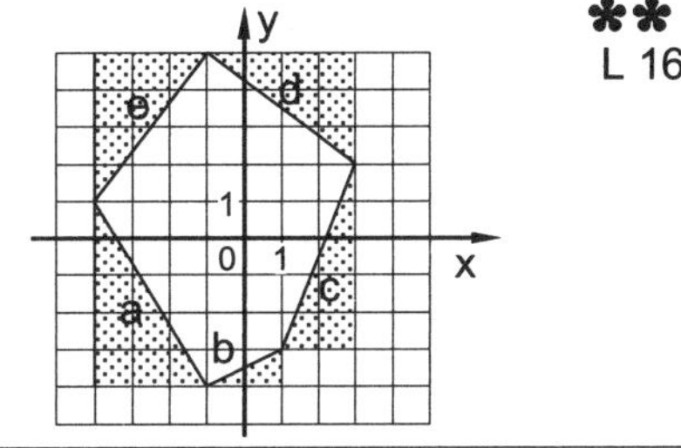

L 16

$a = \sqrt{5^2 + 3^2}$ $b \approx 2{,}2$ LE Längeneinheiten

$a = \sqrt{34}$ $c \approx 5{,}4$ LE Längeneinheiten

$a \approx 5{,}8$ LE Längeneinheiten $d \approx 5$ LE Längeneinheiten

$e \approx 5$ LE Längeneinheiten

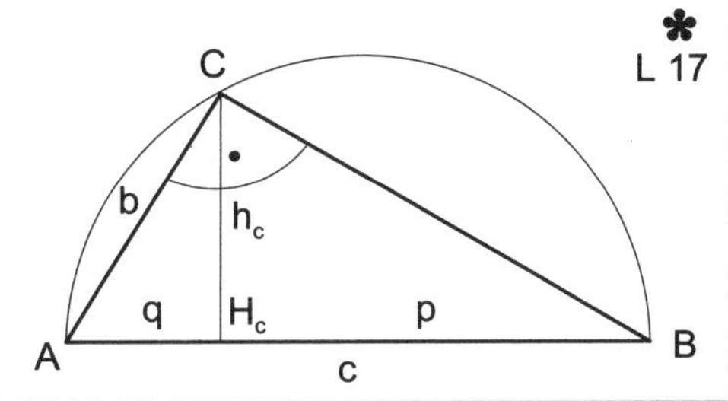

L 17

a) b = 4 cm, q = 3,6 cm

$h_c \approx 1{,}74$ cm, c ≈ 4,44 cm

a ≈ 1,93 cm, p ≈ 0,84 cm, A ≈ 3,86 cm²

b) a = 5 cm, b = 5,6 cm

A = 14 cm², c ≈ 7,51 cm,

p ≈ 3,33 cm, q ≈ 4,18 cm, $h_c \approx 3{,}73$ cm

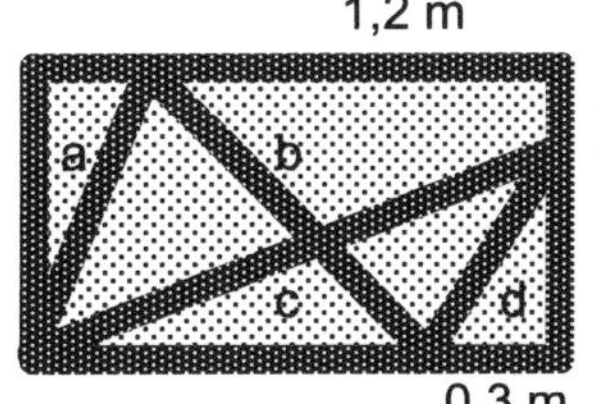

L 18

$a = \sqrt{1{,}2^2 + 0{,}6^2}$ $c = \sqrt{1{,}8^2 + 0{,}9^2}$

$a \approx 1{,}34$ (m) $c \approx 2{,}01$ (m)

$b = \sqrt{1{,}2^2 + 0{,}9^2}$ $d = \sqrt{0{,}9^2 + 0{,}3^2}$

$b \approx 1{,}5$ (m) $d \approx 0{,}95$ (m)

$l_{Gesamt} = 1{,}34 + 1{,}5 + 2{,}01 + 0{,}95 + 3{,}6 + 2{,}4$

$l_{Gesamt} = 11{,}8$ (m)

****** L 19**

$$x^2 + 2^2 = (5 - x)^2$$
$$x^2 + 4 = 25 - 10x + x^2$$
$$4 = 25 - 10x$$
$$-21 = -10x$$
$$x = 2,1$$

Der Baum ist in einer Höhe von 2,10 m abgeknickt.

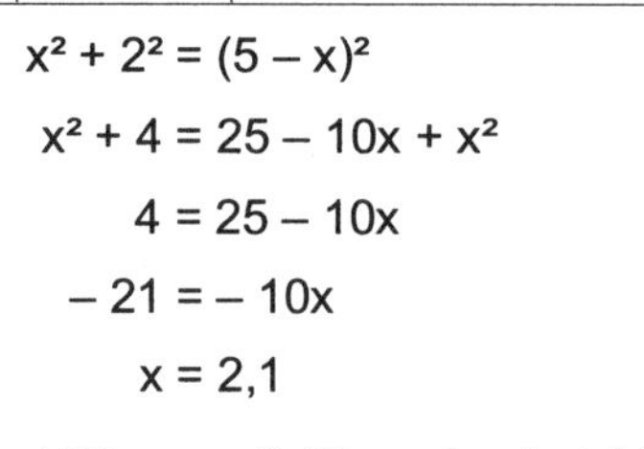

****** L 20**

$$(k - 15)^2 + 50^2 = k^2$$
$$k^2 - 30k + 225 + 2500 = k^2$$
$$-30k + 2725 = 0$$
$$-30k = -2725$$
$$k \approx 90,8$$

Das Pendel ist 90,8 cm lang.

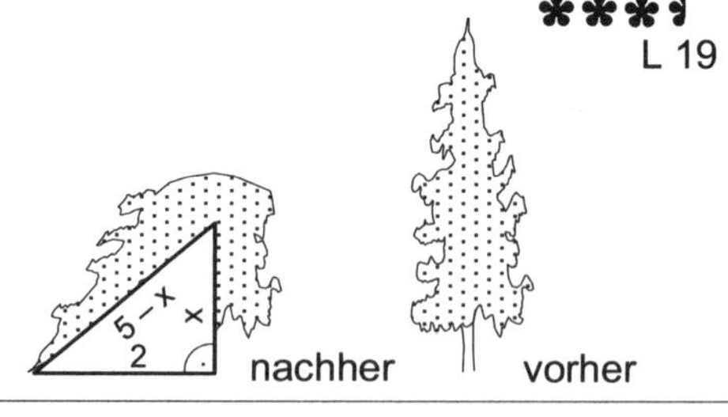

***** L 21**

Die Seitenhalbierenden eines Dreiecks schneiden sich im Verhältnis 1 : 2.

$$h = \sqrt{4,2^2 - 2,1^2}$$
$$h = \sqrt{13,23}$$
$$h \approx 3,6 \ (cm)$$

$$r = \frac{2}{3} \cdot 3,6$$
$$r \approx 2,4 \ (cm)$$

*** L 22**

Das Quadrat hat eine Seitenlänge von 5 m.

$$e = a \cdot \sqrt{2}$$
$$e = 5 \cdot \sqrt{2}$$
$$e \approx 7,07$$

Die Linien sind zusammen 14,14 m lang.

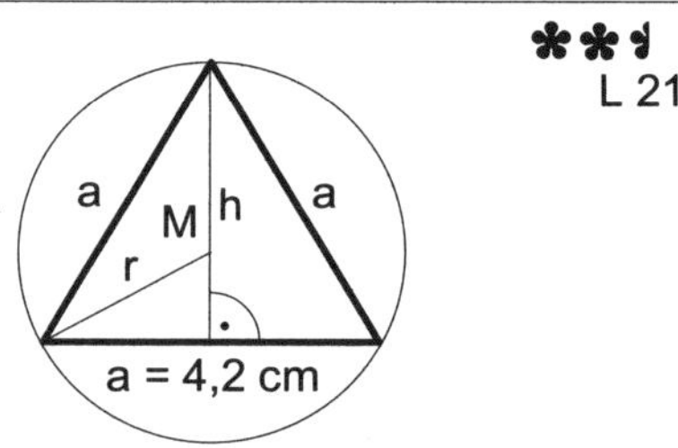

*** L 23**

$$l = \sqrt{15^2 + 7^2}$$
$$l = \sqrt{274}$$
$$l \approx 16,55$$

Jedes dieser Seile ist 16,55 m lang.

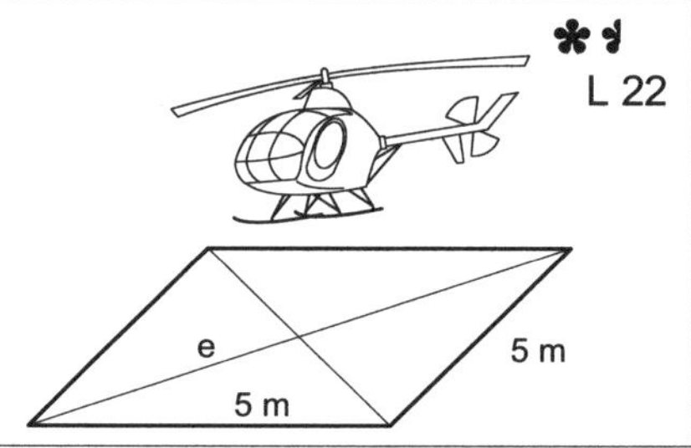

*** L 24**

$$x_1 = \sqrt{2,85^2 - 2,1^2}$$
$$x_1 = \sqrt{3,7125}$$
$$x_1 \approx 1,93 \ (m)$$

$$x_2 = \sqrt{4,19^2 + 1,2^2}$$
$$x_2 = \sqrt{18,9961}$$
$$x_2 \approx 4,36 \ (m)$$

$$x_3 = \sqrt{7,4^2 - 6,1^2}$$
$$x_3 = \sqrt{17,55}$$
$$x_3 \approx 4,19 \ (m)$$

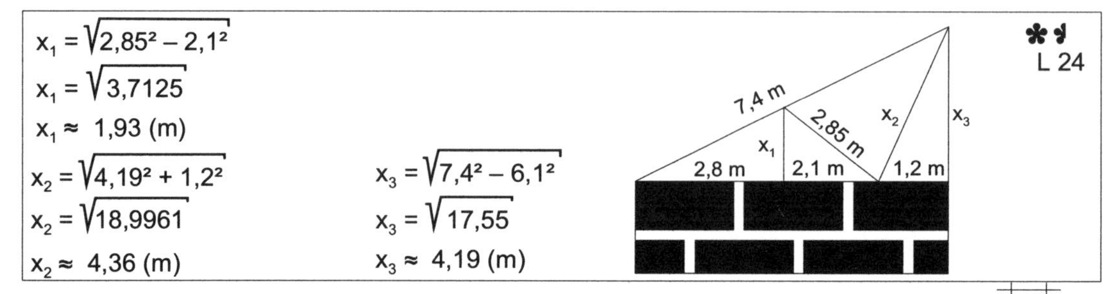

L 25 ✱✱

$s = \sqrt{125^2 - 70^2}$

$s = \sqrt{10725}$

$s \approx 103{,}6$

$h = 125 - 103{,}6$

$h = 21{,}4$

Das Pendel schlägt 21,4 cm hoch aus.

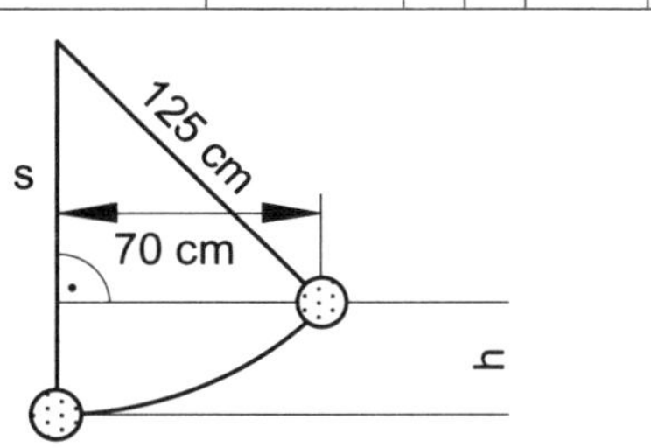

L 26 ✱

$c = \sqrt{23{,}77^2 + 8{,}23^2}$

$c = \sqrt{632{,}7458}$

$c \approx 25{,}15$

Die Filzkugel legt mindestens
einen Weg von 25,15 m zurück.

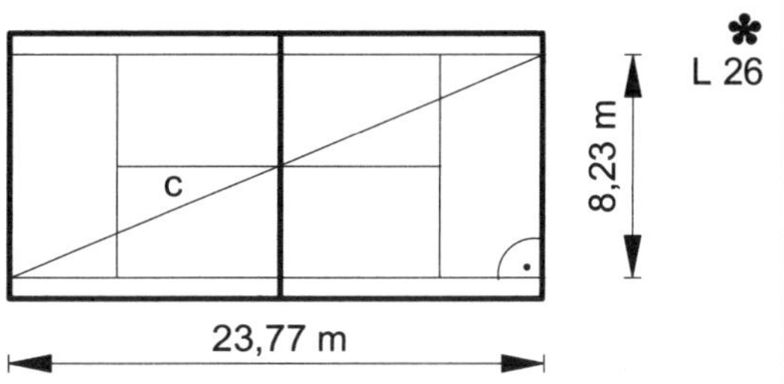

L 27 ✱

$h = \sqrt{3^2 - 2^2}$

$h = \sqrt{5}$

$h \approx 2{,}24$

Die Sehne ist 2,24 cm vom Mittelpunkt
des Kreises entfernt.

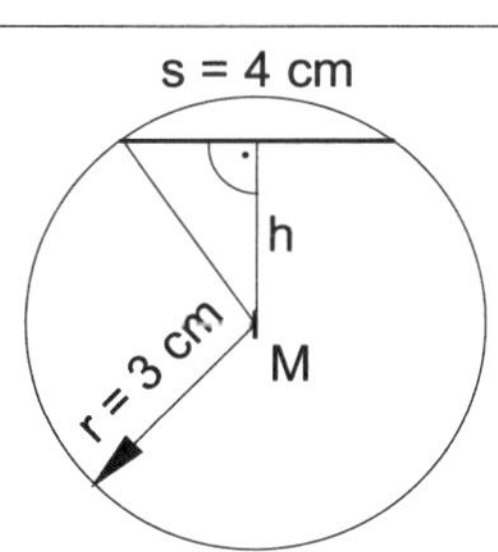

L 28 ✱

$r = \sqrt{3{,}5^2 + 4^2}$

$r = \sqrt{28{,}25}$

$r \approx 5{,}32 \ (cm)$

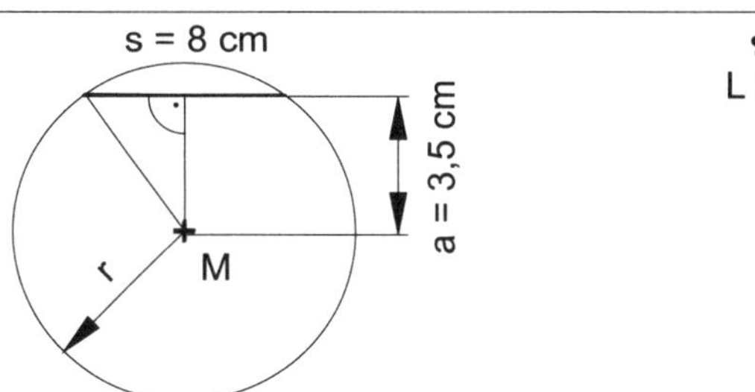

L 29 ✱✱

$a = \sqrt{968}$

$a \approx 31{,}1$

$e = 31{,}1 \cdot \sqrt{2}$

$e \approx 44{,}0$

Die Diagonale ist 44 cm lang.

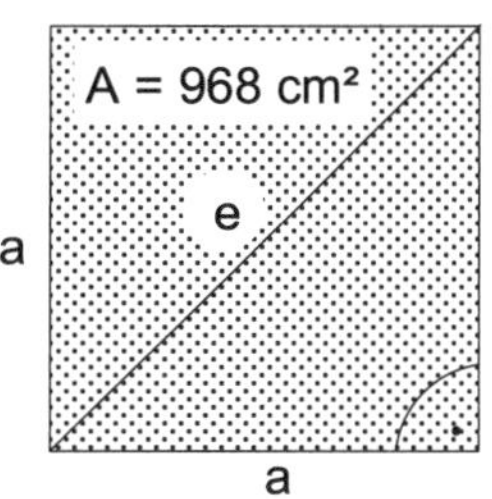

L 30 ✱✱

$a^2 + a^2 = 44{,}8^2$

$2a^2 = 2007{,}04$

$a^2 = 1003{,}52$

$a \approx 31{,}7$

Die Seite a ist 32 cm lang.

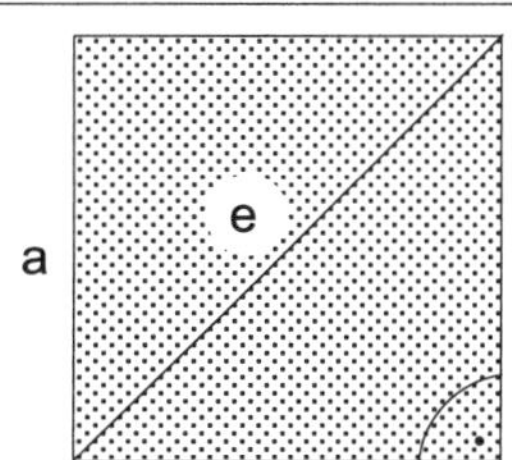

Prof. Dr. Brian Teaser: Lösungen Aufgabenkarten

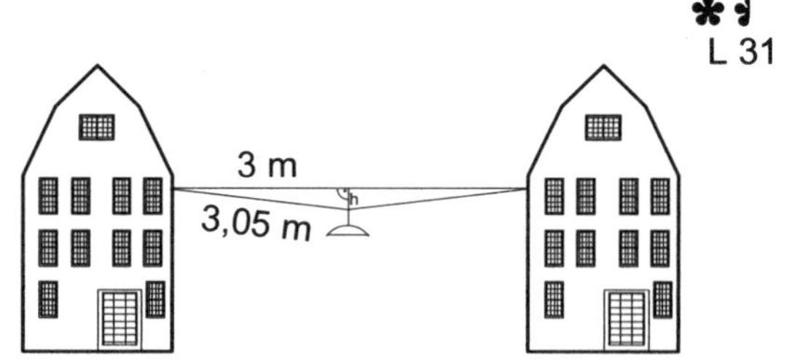

L 31

$h = \sqrt{3{,}05^2 - 3^2}$

$h = \sqrt{0{,}3025}$

$h = 0{,}55$

Die Leuchte hängt 55 cm durch.

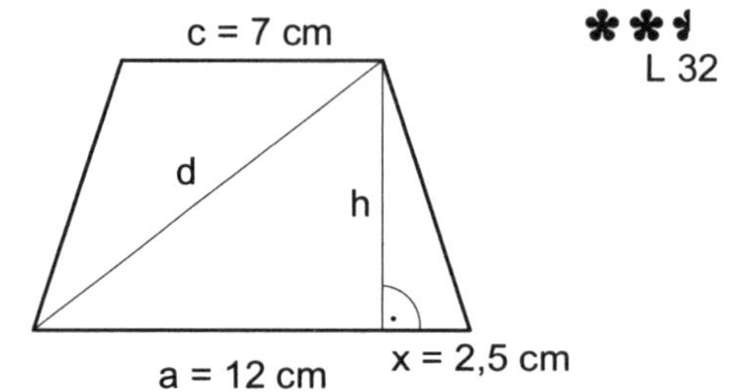

L 32

$A = [(12 + 7) : 2] \cdot h$

$47{,}5 = 9{,}5 \cdot h$

$h = 5$ (cm)

$d = \sqrt{5^2 + 9{,}5^2}$

$d = \sqrt{115{,}25}$

$d \approx 10{,}7$ (cm)

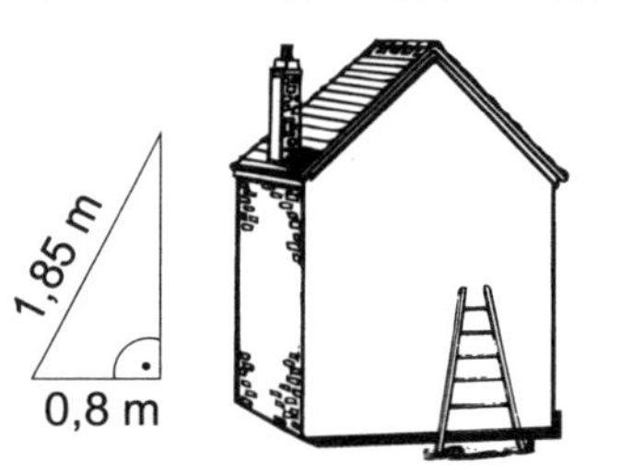

L 33

$h = \sqrt{1{,}85^2 - 0{,}8^2}$

$h = \sqrt{2{,}7825}$

$h \approx 1{,}67$

Die Leiter reicht 1,67 m hoch.

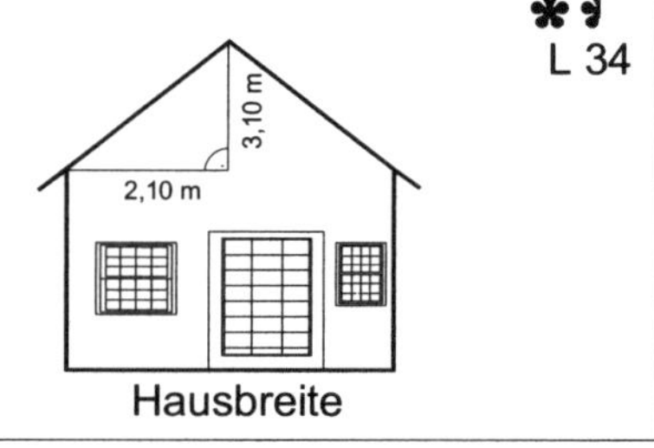

L 34

$l = \sqrt{2{,}1^2 + 3{,}1^2}$

$l = \sqrt{14{,}02}$

$l \approx 3{,}74$

Die Dachbalken müssen eine Länge von 3,99 m haben.

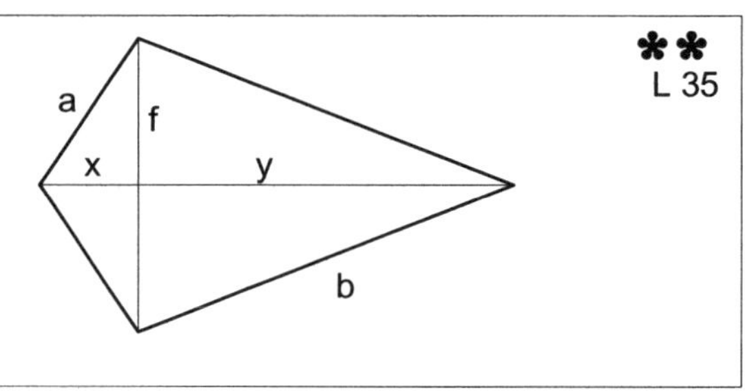

L 35

$x = \sqrt{5^2 - 4^2}$

$x = \sqrt{9}$

$x = 3$ (cm)

$y = 6$ (cm)

$b = \sqrt{4^2 + 6^2}$

$b = \sqrt{52}$

$b \approx 7{,}2$ (cm)

$u = 2 \cdot a + 2 \cdot b$

$u = 2 \cdot 5 + 2 \cdot 7{,}2$

$u = 24{,}4$ cm

L 36

$h^2 = a^2 - \left[\dfrac{a}{2}\right]^2$

$h^2 = a^2 - \dfrac{a^2}{4}$

$h^2 = \dfrac{3a^2}{4}$

$h = \sqrt{\dfrac{3a^2}{4}}$ *partiell Wurzelziehen*

$h = \dfrac{a}{2}\sqrt{3}$

$A = \dfrac{a \cdot h}{2}$

$A = \dfrac{a \cdot \frac{a}{2}\sqrt{3}}{2}$

$A = \dfrac{a^2 \cdot \sqrt{3}}{4}$

$a = \sqrt{\dfrac{4 \cdot A}{\sqrt{3}}}$

$a = \sqrt{\dfrac{4 \cdot 35}{\sqrt{3}}}$

$a \approx 9{,}0$ (cm)

$h = \dfrac{9}{2}\sqrt{3}$

$h \approx 7{,}8$ (cm)

$A = 35$ (cm²)

$u = 27$ (cm)

L 37

$l = \sqrt{6,25^2 + 0,6^2}$

$l = \sqrt{39,4225}$

$l \approx 6,28$

Gesamtlänge = 6,88 m

Die Teerbahnen müssen 6,88 m lang sein.

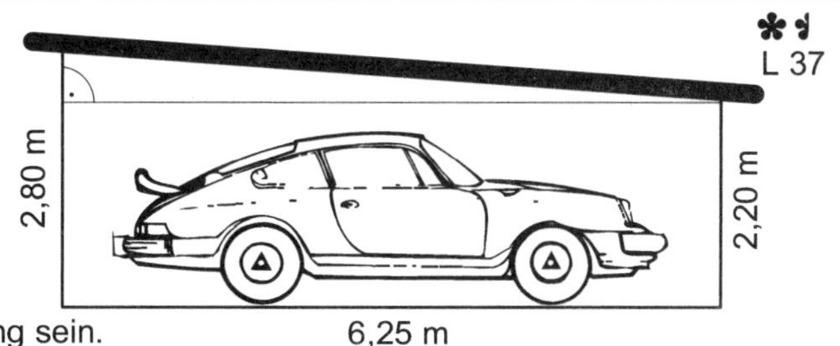

L 38

$A_{Raute} = \dfrac{e \cdot f}{2}$

$f = \dfrac{2 \cdot A_{Raute}}{e}$

$f = \dfrac{2 \cdot 56}{8}$

$f = 14$ cm

$a = \sqrt{4^2 + 7^2}$

$a = \sqrt{65}$

$a \approx 8,1$

Die Seiten sind 8,1 cm lang.

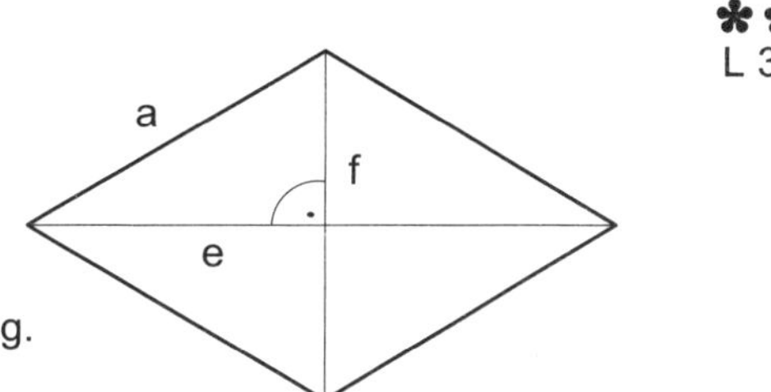

L 39

$w = \sqrt{420^2 - 75^2}$

$w = \sqrt{170\ 775}$

$w \approx 413,3$

Das Shuttle war 413 m von der Landebahn entfernt.

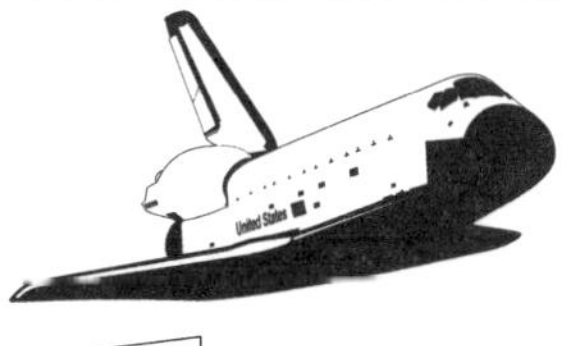

L 40

$a = \sqrt{220^2 - 130^2}$

$a = \sqrt{31\ 500}$

$a \approx 177,5$

Der Dampfer wurde 178 m abgetrieben.

L 41

$h = \sqrt{30^2 - 12^2}$

$h = \sqrt{756}$

$h \approx 27,5$

Der Drachen steht in einer Höhe von 27,5 m.

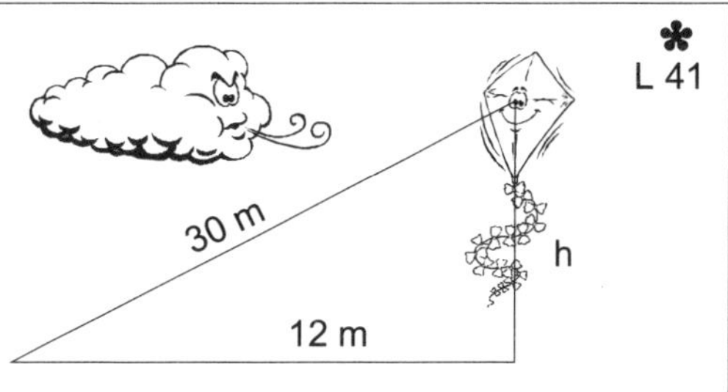

L 42

$a = \sqrt{225}$

$a = 15$ cm

$h = \sqrt{18^2 - 7,5^2}$

$h = \sqrt{267,75}$

$h \approx 16,4$

Die Höhe beträgt 16,4 cm.

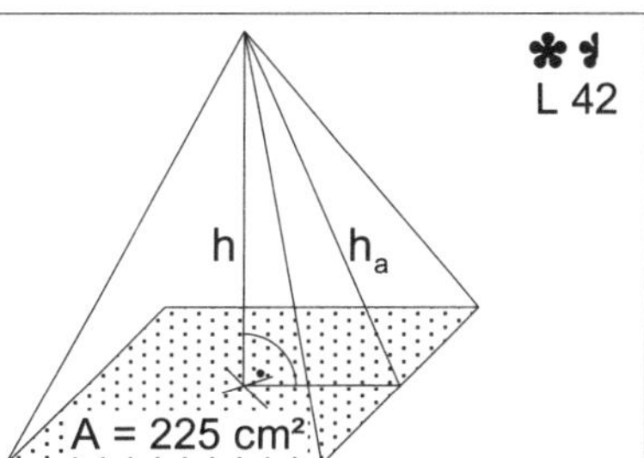

Berechne die fehlende Dreiecksseite am *rechtwinkligen* Dreieck ($\gamma = 90°$).

a = 6 cm, b = 8 cm	c = 10 cm
a = 12 m, b = 5 m	c = 13 cm
b = 5 km, c = 12 km	a ≈ 10,9 km
a = 15 dm, b = 20 dm	c = 25 dm
a = 12 mm, b = 16 mm	c = 20 mm
a = 9 cm, c = 17 cm	b ≈ 14,4 cm
b = 5 cm, c = 18 cm	a ≈ 17,3 cm

 L 43

Berechne die Höhen in den *gleichschenkligen* Dreiecken.

a) a = b = 32 cm und c = 42 cm $\qquad h = \sqrt{32^2 - 21^2} \qquad h \approx 24,1$ (cm)

b) a = c = 3,5 cm und b = 5 cm $\qquad h = \sqrt{3,5^2 - 2,5^2} \qquad h \approx 2,4$ (cm)

c) b = c = 7,4 cm und a = 9,3 cm $\qquad h = \sqrt{7,4^2 - 4,65^2} \qquad h \approx 5,8$ (cm)

 L 44

Berechne die Höhen in den *gleichseitigen* Dreiecken.

a) a = 12 cm $\qquad h = \sqrt{12^2 - 6^2} \qquad h \approx 10,4$ (cm)

b) a = 43 dm $\qquad h = \sqrt{43^2 - 21,5^2} \qquad h \approx 37,2$ (dm)

c) a = 93 mm $\qquad h = \sqrt{93^2 - 46,5^2} \qquad h \approx 80,5$ mm

L 45

$s = \sqrt{85^2 + 42^2}$

$s = \sqrt{8989}$

$s \approx 94,8$

Das Seil muss mindestens 94,8 m lang sein.

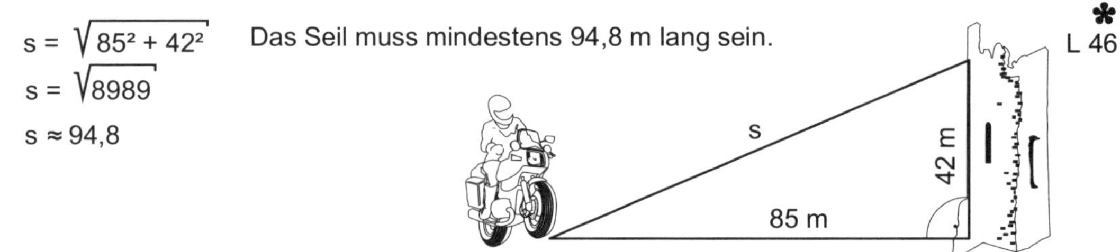

L 46

$e = \sqrt{8^2 + 4^2} \qquad e \approx 8,9$ (cm)

$g = \sqrt{4^2 + 5^2} \qquad g \approx 6,4$ (cm)

$h = \sqrt{8^2 + 5^2} \qquad h \approx 9,4$ (cm)

$f = \sqrt{8^2 + 4^2 + 5^2}$

$f = \sqrt{105}$

$f \approx 10,2$ (cm)

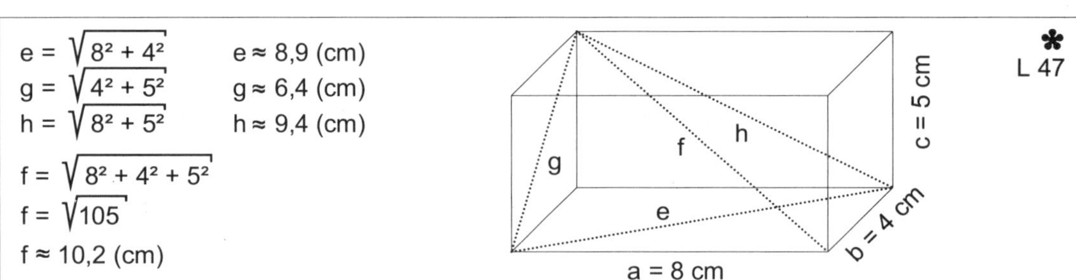

L 47

In einem Würfel ist die Raumdiagonale d = 15,59 cm.
Wie lang sind die Kanten des Würfels?

$a^2 + a^2 = e^2$
$e^2 + a^2 = d^2$
$a^2 + a^2 + a^2 = d^2$
$3 \cdot a^2 = d^2$
$a^2 = \dfrac{d^2}{3}$

$a^2 = \dfrac{15,59^2}{3}$

$a^2 = 81,0163333$

$a \approx 9$

Die Kanten des Würfels sind 9 cm lang.

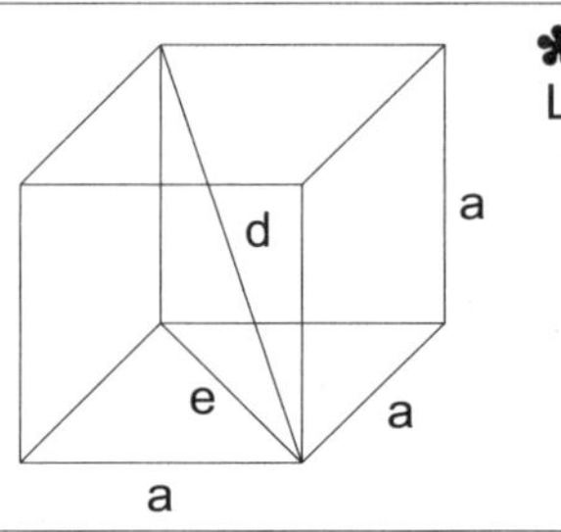

L 48